KB181600

커피교과서

Elementary Knowledge of Coffee

새로운
커피교과서

호리구치 토시히데 | 윤선해 옮김
堀口俊英

황소자리

| 책머리에 |

1990년에 시작한 저의 커피업 인생도, 30년 넘는 시간이 지났습니다.

커피는 기호식품 음료 중에서도 성분이 매우 복잡하고, 풍미도 다양합니다. 때문에 사람마다 '맛있음'으로 받아들이는 미각도 감성도 많이 다른 것 같습니다.

그러나 '맛있는 커피'는 '품질이 좋은 커피' 안에서만 만들어질 수 있다는 사실은 명백해졌습니다. 그 품질은 재배환경, 품종, 재배방법, 정제법, 선별 등에서 시작해 포장, 수송, 보관에 이르기까지 유통과정 전체에 의해 좌우됩니다.

그 지식을 바탕으로 좋은 원두를 선택하고 적절하게 추출해 객관적인 평가를 할수 있다는 것은, 기호식품으로서 커피를 좀 더 깊이 있게 즐길 수 있는 길로 이어진다고 생각합니다.

현재 저는 실무를 떠나 라이프워크로서 커피 테이스팅 세미나를 실시하고 있습니다. 2016년 만 66세가 되었을 때 도쿄대 농업대학원 환경공생학 박사과정에 입학하여, 2019년 69세에 졸업했습니다. 그 후에도 식환경과학연구실에 적을 두고 학부생 및 대학원생들과 함께 '관능평가와 이화학적인 수치 및 미각센서치와의 상관성에 대하여' 연구를 계속하고 있습니다.

이 책을 집필하던 2022년 8월, '일본식품과학공학회'에서 온라인 발표를 한창 진행하던 때 갑작스러운 심정지가 오는 바람에 응급실에 실려 갔습니다. 다행히 도쿄대 안에서 발표를 진행한 덕에 AED 및 인공호흡에 의한 초기대응이 잘 이루어졌고, 기적적으로 회복한 후 후유증도 없이 퇴원했습니다.

그런 사정도 있어서, 출판이 예정보다 늦어지는 바람에 출판사에는 큰 폐를 끼치고 말았습니다. 다시 한번 죄송함을 전합니다.

이 책은 '커피의 기초지식'이라는 타이틀로 집필을 의뢰받았지만, '새로운 커피 기초지식'으로 제목을 변경하면서 '새로운' 정보를 여럿 추가했습니다. 커피를 둘러싼 환경은 빠르게 변화하고 있습니다. 기후변화에 따른 전체 생산량 감소와 카네포라 종 생산량 증가 외에도 경제성장과 맞물린 아시아 국가들의 소비확대, 새로운 품종 개발, 혐기성(무산소) 발효 같은 정제법 모색, 스페셜티커피 품질의 3극화와 같은 여러 요인이 환경 변화를 부채질하고 있습니다. 따라서 기존 커피 책에서 다루지 않은 새로운 시점의 내용을 추가할 수밖에 없었습니다. 그만큼 초보자에게는 어려운 내용을 다루게 될 수도 있겠지만, 시대 변화를 적극적으로 반영하려 노력한 흔적이라고 이해해주시면 기쁘겠습니다.

이 책이 커피 풍미의 변동요인을 가능한 한 밝히는 데서 나아가, 커피 풍미의 본질을 이해하며 커피를 즐기려는 이들의 다정한 안내서가 되기를 바랍니다.

2023년 길일,
호리구치 토시히데

| 옮긴이의 말 |

12년 전 호리구치 선생님의 《커피교과서》가 출간되었을 때, 정말이지 반응이 뜨거웠다. 이후 10년 동안 많은 애독자에게 읽히며 무수히 쏟아진 커피 책들 중에서도 독보적인 판매 부수를 기록한 것은 아마도 호리구치 자신이 경험하고 입증한 내용을 토대로 정리한 '살아있는 내용'이 독자들의 마음에 고스란히 전달되었기 때문이라고 생각한다.

그렇게 10년이 지나 이번에 《새로운 커피교과서》라는 제목으로 새 책을 출간하기에 이르렀다. 원제는 '새로운 커피 기초지식'이지만, '커피교과서'의 내용을 업데이트하면서 그동안의 연구결과를 새롭게 담아 펼쳐냈으므로, 선생님과 일본 출판사의 승낙을 받아 한국어판 제목을 《새로운 커피교과서》라고 붙였다.

일흔을 바라보던 선생님이 갑자기 대학원에 입학하신다는 말을 들었을 때, 솔직히 '이 분이 왜 이러시나' 싶었다. 커피업계에서 이미 충분한 실적과 업적과 인지도를 쌓으셔서 굳이 그 과정이 필요해 보이지 않았고, 박사과정은 또 다른 문제여서 고생스럽지 않을까 걱정스럽기도 했다. 대학원에 들어간 후 선생님은 통계, 분석, 논문발표 등 공부가 너무 어렵다는 말씀을 하시면서도 결국 3년 뒤 '관능평가와 이화학적 수치의 상관성에 대한 연구'로 박사학위를 받으셨다. 1년에 10명도 못 받는다는 도쿄대학의 학위였다.

축하도 잠깐, 강연 중 갑자기 쓰러지셨다는 소식을 전해 들은 후 코로나 팬데믹으로 이동도 어려웠던 시기에 얼마나 가슴 졸였는지 모른다. 선생님은 회복기를 거치면서도 한동안 중단되었던 새 책 출판을 진행하셨고 올해 여름, 드디어 한 권의 책으로 완성하기에 이르렀다. 선생님에게도 나에게도 너무나 소중한 결실이다.

책의 내용은 연구결과를 일반 커피인들이 쉽게 이해하고 현실에서 적용할 수 있

6

도록 풀어 설명함과 동시에, 그사이 업데이트된 커피 정보와 산지 현황을 간략하게 소개하고 있다. 커피업에 종사하다 보면, 방대한 정보 중 어떤 것이 옳고 좋은 내용인지 골라내기 어려울 때가 많다. 그런 사람들이 이 책을 읽고 이해한다면, 그다음은 선택과 집중이 쉬워질 것이다. 처음 접하는 내용도 있겠지만, 호리구치의 책은 언제나 그랬다. 처음엔 생소하지만 언젠가 커피의 일반 상식이 되어갔다. 그러니 이번에도 믿고 공부하셔도 좋을 것이다.

궁금증을 그대로 남겨두지 않고 항상 학습하며 탐구하시는 스승을 둔 제자는 게으름 피울 여유가 없다. 언제나 멈추지 않는 호기심과 열정을 흉내라도 내면서, 나만의 방식으로 커피를 표현해 나가고 싶은 욕심마저 갖게 하신다.

《커피 스터디》를 번역하면서 인사말로 전했던 내 마음을 다시 옮기고 싶다. 모르면 별것도 아닌 커피, 그러나 다가가면 다양하고 깊은 세계. 알고 싶고, 해보고 싶고, 해도 모르겠는 것들 천지인 커피를 알게 되어 내 인생은 행운이라고 생각한다. 한결같은 열정으로 커피를 연구하고 수집·분석한 정보를 책을 통해 나누는 호리구치 선생님께 다시 한 번 존경과 감사를 전한다. 어려운 상황에서도 저의 커피 사랑을 의심치 않고 함께해 주시는 황소자리 지평님 대표님께도 큰 감사를 전하고 싶다.

2023년 가을 길일에,
윤선해 올림

이 책 이용방법

이 책에서는 커피에 관한 다양하고 새로운 용어가 사용되고 있습니다.
본격적으로 읽기 전에 이 페이지를 먼저 읽어주시면 좋겠습니다.

1 / 커피라는 단어에 대하여

커피라는 말은 매우 폭넓게 사용됩니다. 이 책에서는 커피 열매를 체리, 과육을 벗겨낸 상태를 파치먼트, 파치먼트를 탈각한 것을 생두, 생두를 로스팅한 것을 원두라고 표기합니다. 단 생두 및 원두를 포괄한 말로서 커피 또는 콩이라고 표기하는 경우도 있습니다.

자주 사용하는 말	수분량	의미
커피		커피를 총칭할 때 사용
체리	65%	커피 열매
드라이 체리	12%	내추럴 정제로 체리를 건조한 것
파치먼트 커피		종자가 내과피에 싸여있는 상태의 것
웨트 파치먼트	55%	파치먼트 건조 전의 상태
드라이 파치먼트	11~12%	파치먼트 건조 후의 상태
생두	10~12%	파치먼트를 탈각시킨 후의 종자 (콩이라고도 부름)
원두	2% 전후	생두를 로스팅한 후의 콩
가루	2%	원두를 분쇄한 상태의 것
추출액	98.6%	가루에 열수를 부어 추출한 후의 액체

미숙 상태의 체리

약간 과완숙 체리

웨트 파치먼트

빨갛게 완숙한 체리

체리

드라이 파치먼트

노랗게 완숙한 체리

드라이 체리

그린빈(생두)

2 / 샘플(사용한 커피)에 대하여

① 게재 샘플은 (1) 일본 국내시장에서 유통되는 생두, (2) 생산지의 농원과 수출회사(엑스포터)에서 보내온 생두, (3) 수입상사(트레이더)로부터 구한 생두, (4) 다양한 온라인 옥션 생두 등으로 구성되어 있습니다.

주 로 2019 – 2020, 2020 – 2021, 2021 – 2022 crop year(수확년)이지만, 그 외 생두도 일부 포함됩니다.

② 샘플 생산이력으로서 생산국, 생산지역(지구), 품종, 수확년crop을 명기했습니다.
생두 입항월, 포장재질, 컨테이너, 보관창고, 테이스팅 날짜 등에 관해서는 기재하지 않았습니다. 또한 샘플 생산자인 농원, 소농

가, 농협, 스테이션(수세가공장)의 이름, 수출회사 및 수입회사 이름은 생략했습니다.
각 농원 콩의 우열을 논하는 게 목적이 아니므로 양해하시기 바랍니다.

3 / 샘플 로스팅에 대하여

① 샘플은 모두 생두 상태로 조달한 후 2019년 3월까지는 후지로얄 1kg 로스터와 디스커버리를 사용해 숙련된 로스팅 기사가 로스팅했습니다. 2019년 4월 이후에

는 파나소닉의 소형 로스터를 사용해 제가 직접 로스팅했습니다. 로스팅 강도가 별도로 표기되지 않은 것은 미디엄 단계입니다.

② 미디엄로스트는 산미를 느끼기 쉽고, 생두의 포텐셜을 읽어내기 쉬운 포인트입니다. 이 단계에 관해서는 SCA Color Classification*에 의거해 시중에서 판매되는 SCA 컬러스케일(색 샘플)에 엄밀하게

맞추었습니다.
다만 음용할 경우, 생두에 따라 적절히 로스팅 정도를 달리했습니다. (PART 3 참조)

* cupping protocols V.16 DEC 2015.docx(scaa.org)

4 / 관능평가 방법에 대하여

⟨1⟩ 관능평가Sensory Evaluation*는 특별한 주석이 없는 경우 SCA 방식(PART 4)으로 실시했습니다. 이 책의 관능평가는 인간의 오감을 측정기로 사용하는 커피의 특성과 차이를 검출하는 분석형 평가로, 호불호를 판단하는 기호형 관능평가가 아닙니다. 따라서 숙련된 패널(평가자집단)에 의해 이루어졌습니다.

* SCA 방식에서는 커핑Cupping이라는 말을 사용하지만, 이 책에서는 관능평가 혹은 테이스팅이라는 말을 사용합니다.

⟨2⟩ 샘플 대부분은 SCASpecialty Coffee Association 평가방식으로 80점 이상(100점 만점 중)인 스페셜티커피Specialty Coffee, SP로 유통되는 생두입니다. SP와 비교하기 위해 79점 이하인 커머셜커피Commercial Coffee, CO도 일부 포함했습니다.

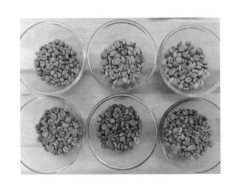

※ 관능평가 점수는,

개별 차 및 입항 후 경과 시간에 따른 성분변화 등에 의해 달라지기 때문에, 기재된 점수를 다른 동일 생산국의 생두에 적용해 판단하지 않길 바랍니다. 이 책은 특정 생두의 우열을 가르는 게 목적이 아닙니다. 좋은 커피의 풍미란 무엇인가를 알아가는 데 그 목적이 있을 뿐입니다.

⟨3⟩ 이 책에서 점수는 (1) 제가 20년 전부터 주최해온 테이스팅 세미나 패널(n=8 등으로 인원 표시)의 평균점, (2) 인터넷 옥션 저지의 평가점, (3) 저의 평가점 등 3개로 구별하고 있습니다.

④ 테이스팅 세미나에서 선발된 패널은, (1) SP 음용력이 3년 이상이며 (2) 커피 생산지 및 정제, 품종 등 기초지식을 보유할 것, (3) SCA 방식의 평가 경험 등 조건을 충족하고 있습니다.

⑤ SCAA(미국 스페셜티 커피 협회)와 SCAE(유럽스페셜티커피협회)가 합병한 2017년까지는 SCAA로 표기하고, 그 이후는 SCA라고 표기합니다.

5 / 이화학적수치에 대하여

이 책에서는 이화학적 수치(케미컬 데이터)의 관점에서도 품질을 평가합니다.

① 수분치

샘플 생두의 경우, 간이수분계kett(커피수분계 PM450)로 수분량을 계측한 경우도 있습니다.

수분치가 8% 이하일 때는 생두 상태에 모종의 변화가 있는 것이며, 13% 이상일 경우 곰팡이 발생 우려가 강해집니다.

② pH(수소이온농도)

pH는 원두의 산성 강약 및 로스팅 정도 비교에도 참고가 됩니다.

커피 추출액의 경우, 중배전 pH5.0 내외, 강배전 PH5.6 전후로 약산성입니다. 수치가 낮을수록 산성이 강하다는 의미입니다. 측정은 25℃±2에서 실시했습니다.

③ 적정산도 (총산량, Titratable Acidity)

추출액을 pH7.0 중성 또는 수산화나트륨으로 중화 적정하여 산출합니다. 커피 추출액 속 총산량을 의미하며, 총산량이 많으면 산미가 강할 가능성이 높고, 산미의 윤곽과 복잡성을 형성한다고 추정합니다.

4 총지질량Lipid

일반적으로 생두에는 15g/100g 전후의 지질이 함유돼 있고, 로스팅 후에도 큰 변동은 없습니다.

지질 추출은 클로로폼 메탄올 혼합액을 이용해 이루어집니다. 지질량은 점성 및 매끄러움과 연결되며 커피의 텍스처(바디감, body)에 영향을 줍니다.

5 산가Acid Value

디에틸에텔에서 지질을 추출해 수치를 계측합니다. 생두의 산화(열화) 상태를 산가酸價라는 수치로 표시하고 있습니다. 수치가 작을수록 생두의 선도가 좋다고 해석합니다.

6 자당Sucrose, 카페인량Caffeine

고속액체 크로마토그래피HPLC, High Performance Liquid Chromatoraphy를 사용하여 측정합니다.

HPLC는 시료에 들어있는 복수의 용액 성분을 분석하는 기능이 뛰어난 장치입니다.

분석을 위한 장비

7 브릭스Brix

과일을 측정하는 당도계로 사용되고 있는데, 그 외 액체를 측정하면 농도계로서도 사용이 가능합니다.

물에 자당을 녹인 용액은 물보다 빛의 굴절률이 커지는 원리를 이용해 측정합니다. 어디까지나 액체 안에 녹아 있는 용질을 계측하는 도구입니다.

⑧ 미각센서

인텔리전트센서테크놀로지 사의 미각센서로 샘플을 분석하고 있습니다. 미각센서 안의 센서를 활용해 산미Acidity, 바디Body, 우마미Umami, 쓴맛Bitterness 항목으로 그래프화합니다.

그래프는 강도를 표시할 뿐 질적 측면은 측정할 수 없습니다. 각 속성 비교에는 도움이 되지만, 속성 간 강도는 비교할 수 없습니다.

미각센서

6 / 통계처리에 대하여

①

분석 수치에 차이가 생길 경우, 일부 유의차 검정을 실시하고 있습니다. SP의 지질량이 CO의 지질량에 비해 '유의차가 있다'고 표현할 경우, '명확하게 차이가 난다'는 것을 의미합니다. 유의차(통계상 명확한 차)를 표시할 때는 $p < 0.01$, $p < 0.05$* 로 표기합니다.

* $p < 0.05$는 95% 이상의 확률로 우연이 아니라는 뜻으로, 일반적으로 '신뢰해도 좋다는 의미입니다.'로 표시합니다.

②

(1) 관능평가 점수와 미각센서, (2) 관능평가와 이화학적 수치 사이의 관련성 여부에 대해 회귀분석을 하여, r=상관계수로 표시하고 있습니다.

보통 0.9~1.0=매우 강한 상관이 있다, 0.7~0.9=강한 상관이 있다. 0.4~0.7=상관이 있다고 봅니다만, 이 책에서는 0.6 이상일 경우 상관이 있다고 판정하고 있습니다.

가령 관능평가 점수와 미각센서 값에 r=0.8로 상관이 있다고 말할 경우, 관능평가 점수를 미각센서 수치가 뒷받침한다는 의미입니다.

사진에 대하여

이 책에 수록된 사진은 제가 산지를 방문했을 때 촬영한 것이 대부분으로, 일부 오래된 것도 포함되어 있습니다. 그 외에 파트너 농원, 거래실적이 있는 농원, 수입상사 및 수출회사 등에서 제공한 사진도 일부 포함되어 있습니다.

차례

PART 1 커피를 내린다

PART 4 커피를 평가한다

PART 1

커피를 내린다

커피 내리는 방법에 대해서는 많은 출판물 및 인터넷상에서 정보가 넘쳐나고 있습니다. 어떤 추출법이 맞는가에 대한 정답은 없습니다. 최종적으로는 추출된 액체가 좋은 풍미가 있는지? 맛있었는지? 등으로 판단할 문제입니다만, 이를 위해서는 좋은 원두를 사용해 적절한 방법으로 추출하는 '기본기'를 이해할 필요가 있습니다.

1990년에 작은 '빈즈숍 겸 커피집'을 개업해 원추형 드리퍼로 매일 100잔 넘는 커피를 추출했습니다. 오른손이 건초염에 걸려 왼손으로 내리는 연습을 계속했던 그때의 기억을 떠올리며, 추출에 필요한 내용을 정리했습니다.

1 커피를 내린다

추출기구의 역사

로스팅한 원두를 분쇄해 추출하는 방법은 오랜 음용 역사를 거쳐 현재의 방법에 이르렀습니다. 커피 추출법을 크게 나누자면, (1) 투과법 (2) 침지법 (3) 에스프레소 세 가지입니다.

17세기 이슬람권에서는 터키의 '이브릭'(제즈베), 사우디아라비아 등의 '달라 dallah'라는 용기에 커피를 끓여서 우려내는 방식이 사용되기 시작했습니다. 침지법의 일종인 이 방법은 카페와 가정에서도 널리 사용돼 터키와 중동지역 커피추출 분포권을 구성했으며, 현재까지 이어지고 있습니다.

1800년경 프랑스인 드 벨로와가 상하 2단 커피포트를 고안했습니다. 이때부터 유럽 기독교 세계를 중심으로 제2차 커피추출 분포권이 형성되기 시작합니다.

그 후 19세기는, 어떻게 하면 커피를 맛있게 만들 것인가 하는 관점에서 프랑스와 영국에서 시행착오를 거쳐, 현재 추출기구의 원형들이 만들어지기 시작했습니다. 20세기 이후에는 '퍼콜레이터', 유리기구를 사용한 커피사이펀의 원형으로 '더블 글래스 벌룬', 융드립의 원형으로 상하 조합의 포트를 반전시켜 여과하는 '마치네타macchinetta', 그리고 증기압에 의한 '에스프레소 머신'이 개발되었습니다. 또 이탈리아 가정에서 사용되고 있는 '모카 엑스프레스'와 '플런저 포트plunger pot'(프랜치 프레스) 등이 사용되었고, '멜리타'의 페이퍼드립 등이 생겨났습니다. 이렇게 해서 현재의 다양한 커피 추출기구로 발전해 왔습니다.

다양한 추출 기구

이브릭(제즈베)
강배전의 극세분(옛날에는 약사발로 다졌다) 커피를 끓여서 거품이 생기면 약불로 하고, 세 번 거품을 만든 후 가루가 가라앉으면 위쪽 액체만 마셨습니다.

달라
달라라는 커피포트로 끓여서 거르지 않고 마십니다. 보통 설탕을 넣지 않으며 사프란, 시나몬, 카다멈 등을 넣어서 끓이기도 합니다.

퍼콜레이터
직화용. 열수가 스트레이너strainer(여과기)를 통과해 순환하며 추출됩니다. 가정에서 사용하기보다 등산이나 캠프 등 야외에 적합합니다.

사이펀의 원형
용기를 두 개 상하로 연결해 접속부에 금속필터를 두고, 아래에서 알코올로 물을 가열해 진공상태를 만든 뒤 가열을 멈추고 추출합니다.

에스프레소 메이커
에스프레소 추출기구로 가루와 물을 넣고 아래에서 가열합니다. 열수와 가루를 넣어 반전시키는 마치네타라는 기구가 사용되었습니다. 밀폐상태의 열수는 수증기 압력으로 급속하게 여과됩니다. 이것이 에스프레소 창안으로 이어졌습니다. 현재는 직화식 모카 엑스프레스(이탈리아 비알레띠 사의 상표)가 사용되고 있습니다. 열수가 노즐을 통과해 상부로 올라가서 여과기를 통과하며 추출합니다.

* 이토 히로시 《커피를 과학하다》, 시사통신사, 1997

* 카라사와 카즈오 《커피기구사전》, 시바타서점, 1977

chapter 2

추출액의 성분에
대하여

커피 추출액의 영양성분 (100g당)

에너지	4kcal
수분	98.6%
단백질	0.2%
탄수화물	0.7%
나트륨	1mg
칼륨	65mg
칼슘	2mg
마그네슘	6mg
인	7mg
망간	0.03mg*
비타민B2	0.01mg
나이아신	0.08mg
비오틴	1.7mg
지방산총량	0.02mg*

[8개정 일본 식품표준성분표에서]
* 지방총산량은 추정치

커피 추출액의 98.6%*는 수분입니다. 용질(커피추출액 100ml에 녹아있는 물질)은 1.4%에 불과하며 수용성 식물섬유(탄수화물) 0.7g, 단백질 0.2g(그중 아미노산 글루타민산이 미량), 미네랄 0.2g, 지방산 0.02g, 그 외 타닌 0.25g, 카페인 0.06g, 미량의 유기산(구연산)과 메일라드화합물(갈색색소), 클로로겐산 등이 함유되어 있습니다. 이런 미량의 성분들이 서로 얽혀 복잡한 풍미를 만들어냅니다.

커피에 함유된 성분이 추출을 통해 전부 추출되는 것은 아닙니다. 불용성 식물섬유**와 지질(물에는 녹지 않지만 유기용매에는 녹는) 등은 찌꺼기에 그대로 남습니다. 그러므로 추출 후 찌꺼기를 재사용할 수가 있는 것입니다. 가령 (1) 가루를 건조해 탈취제로 사용, (2) 그대로 앞마당에 뿌려 벌레를 방지하거나 잡초 번식을 막는 데 사용, (3) (조금 번거롭지만) 건조 후 발효시켜 비료로 사용하는 등의 용도가 일반적입니다.

* 7개정식품성분표, 2016, 여자영양대학출판부
** 탄수화물=다당류로, 사람의 소화효소로 소화되지 않는 식물 속 난소화성성분의 총체. 또 커피 찌꺼기에는 지질이 많이 함유되어(15% 정도) 지구온난화 대책이 되는 바이오(생물자원:Bio) 연료로서 사용할 수 있는 가능성이 있어, 일본에서도 압축시킨 고형연료(바이오코크스)로 만드는 연구가 진행중입니다.

커피 추출액과
물의 관계

커피 추출에서는 수질이 중요합니다. 같은 커피를 가지고 일본 각지에서 추출해 보면 신기하게도 풍미가 미묘하게 달라지는데, 이는 pH와 미네랄 성분 차이에 의한 것으로 추정됩니다.

아래 표는 다양한 물로 추출한 커피를 미각센서로 측정한 결과입니다. 순수, 연수, 수돗물은 산미가 있고 바디, 우마미, 쓴맛, 떫은맛, 후미 등 풍미 밸런스가 동일하므로 커피 추출에 적합하다고 볼 수 있습니다. 반면 알칼리성 온천수와 미네랄이 많은 경수는 물의 맛으로서는 좋지만, 커피 맛의 윤곽을 형성하는 산미가 나오기 힘들어서 커피 추출에 적합하지 않다고 판단됩니다.

물의 경도는 함유된 칼슘과 마그네슘 등 미네랄 성분으로 결정됩니다. 일본에서는 맛있는 측면에서 경도 목표치는 10~100mg/L로 설정되어 있습니다. 경도가 낮은 물은 가볍고 밋밋하지만, 반대로 경도가 높은 물은 바디감이 있으며 자기주장이 강한 맛을 냅니다.

* 물의 경도, 홍보, 도쿄도수도국(Tokyo.lg.jp)

물의 차이에 따른 풍미의 차이

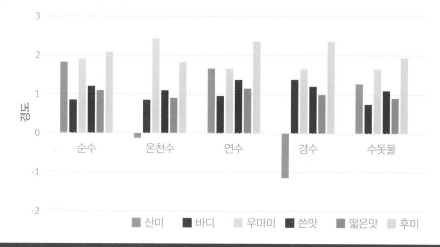

* 순수는 대학 연구실에서 사용하는 '미리Q' (초순수 제조장치로 만든 물).
온천수는 알칼리수(pH9.9/경도1.7), 연수는 일본 미네랄워터(pH7.0/경도30), 경수는 프랑스의 미네랄워터(pH7.2/경도304)입니다. 수돗물(pH7.0 전후/평균경도50~60)은 호리구치커피연구소 수도수(경도mg/L).

chapter 4

투과법과 침지법

투과법
페이퍼드립과 융드립. 금속필터 등

침지법
프렌치 프레스와 사이펀 등

드립식이라고도 불리는 투과법은 현재 '페이퍼드립' '융드립'이 주류입니다. 드립은 간단히 말하면 '열수를 소량씩 계속 부어(또는 뜸들여) 커피 성분을 용해시켜 여과하는 추출법'입니다. 커피숍이나 가정에서도 이 방법이 많이 이용됩니다. 주로 페이퍼를 사용하지만, 전통적인 융을 고수하는 사람도 여전히 많습니다. 또 스테인리스 등의 '금속필터'도 증가하는 추세입니다.

현재 커피숍이나 카페에서는 페이퍼 드립으로 한 잔씩 추출하는 것이 대세입니다. 그러나 제가 개업하던 1990년 이전의 킷사텐에서는, 한 잔씩 추출하는 곳은 매우 드물고* 대부분 융으로 대량 추출해 다시 데워서 제공하거나 커피메이커를 사용했습니다.

침지법은 프렌치 프레스, 사이펀 등이 대표적이며, '가루 전체가 열수에 담긴 상태에서 성분을 추출하는 방법'입니다. 1980년대까지 일본의 킷사텐에서는 주로 사이펀을 사용했습니다.

'프렌치 프레스'라는 기구는 제가 이 일을 시작하던 무렵에는 홍차용으로 보급되었습니다만, 2000년 이후 일본에서 서서히 커피용으로도 이용되기 시작했습니다.

* 하프파운드(약 227g) 혹은 1파운드의 스탠드에 융을 세트한 후 200g~250g의 커피가루로 3L가량을 추출했습니다. 그만큼 커피가 많이 소비되던 시대였습니다.

chapter 5
커피 추출의
기본기

추출이란, '커피 가루에 85~95℃의 열수를 붓거나 담그는 방법으로 커피에 함유된 성분을 용해하고 침출시켜 마시기 적합한 추출액을 만드는 것'입니다. 맛있는 커피는 유기산에 의한 산미, 자당에 의한 단맛, 메일라드화합물(로스팅 과정에서 갈색 반응이 일어나 생두와는 다른 성분이 만들어짐) 등의 쓴맛과 깊이가 밸런스 좋게 어우러진 것이라고 말할 수 있습니다.

커피 풍미는 (1) 가루의 입자, (2) 가루의 양, (3) 열수 온도, (4) 추출시간, 그리고 (5) 추출량에 의해 영향을 받습니다. 같은 추출조건일 경우 '입자가 가늘고, 가루 양이 많고, 물 온도가 높고, 추출시간이 길고, 추출량이 적은' 상태에서 성분 용해도가 높아져 액체의 농도$_{Brix}$*는 짙어집니다. 그 결과 농축감 있는 풍미가 만들어집니다.

따라서 자신의 취향에 맞는 풍미를 만들어내는 분쇄 굵기, 가루의 양, 물 온도, 추출시간, 추출량의 관계를 이해하는 것이 추출의 '기본 중 기본'이 됩니다.

*Brix란, 용액 100g당 용질이 몇 g이나 녹아 있는지를 표시한 질량 퍼센트.

가루의 양
1인분일 경우 최저 15g을 사용한 것이 풍미를 표현하기 쉽습니다. 이를 90~120초에 120~150ml를 추출합니다. 2인분은 25g을 사용해 120~150초에 240~300ml를 추출합니다.

물의 온도와 추출시간
80~95℃의 온도가 커피추출에 적절합니다. 다만, 열수 온도와 추출시간은 상관관계에 있어서, 95℃로 150초 추출한 것과 85℃에서 180초 추출한 것은 유사한 농도가 됩니다.
물 온도가 80℃ 이하일 경우, 추출액 온도는 더 낮아지므로 90℃ 이상이 좋을 듯합니다.

가루의 입자(분쇄 굵기)
로스팅 정도에 상관없이 입자를 일정한 굵기로 추출해야 풍미가 안정됩니다. 그러므로 입자가 불균일하게 분쇄되는 그라인더는 적절하지 않습니다. 입자가 너무 가늘면 성분 용해도가 높아져 특히 쓴맛이 강해집니다.

조건을 바꾸어 추출해서 비교해 본다

프렌치로스트(pH5.7)의 원두를 사용해 가루의 양, 추출시간, 입자, 추출량을 바꾸어 추출해 보았습니다. 중간 굵기 가루 15g 사용, 120초에 150ml 추출을 기본으로 합니다만, 유연하게 생각해도 좋습니다.

좋은 원두라면 아래 표의 조건 안에서 추출할 경우 맛있는 커피가 됩니다. 최종적으로는 로스팅 강도가 다른 콩을 서로 비교해 보고 자신에게 어떤 농도가 맞는지 스스로 판단해 보면 좋을 듯합니다.

가루의 양, 추출시간, 입자, 추출량 차이에 따른 농도Brix의 차이

120 초 150ml	Brix	15g 150ml	Brix	15g 120 초 150ml	Brix	15g 120 초	Brix
10g	1.00	90 초	1.25	가는 굵기	1.55	120ml	1.65
15g	1.45	120 초	1.45	중간 굵기	1.45	150ml	1.45
20g	1.65	150 초	1.50	굵은 굵기	1.25	180ml	1.10

중간 굵기 가루 15g을 사용, 120초에 150ml 추출하면 밸런스가 좋은 풍미가 될 가능성이 높습니다.

chapter 6
다양한 드리퍼

페이퍼드립용 드리퍼 종류가 최근 몇 년간 다양해지는 추세입니다. 형상은 크게 대형과 원추형으로 나뉩니다. 대형은 바닥의 구멍이 한 개 혹은 세 개인데, 어느 쪽이든 열수가 모이는 구조로, 투과법에 침지법의 요소가 가미됩니다. 드리퍼 바닥이 평평한 웨이브식도 있습니다.

보수성은 드리퍼 안쪽에 새겨진, 리브(홈)라고 불리는 돌기 부분의 유무 또는 길이가 영향을 줍니다. 열수는 아래로 흐르는 것이 기본이지만 일부는 측면에서도 흘러내리기 때문입니다.

대형과 원추형의 경우 드리퍼의 리브에 차이가 있습니다. 리브가 길수록 열수가 지나는 길을 잘 만들어주기 때문에 커피용액이 빨리 떨어지고, 짧으면 천천히 내려갑니다. 단, 추출하는 사람이 추출 속도(물을 붓는 양과 추출시간 등)를 조정할 경우 풍미의 차이가 발생하지 않을 수도 있습니다.

페이퍼드립의 경우 물을 붓는 방법으로 풍미를 컨트롤할 수 있으므로 드리퍼 형상은 원두의 로스팅 정도나 입자 등에 비해 풍미에 큰 영향을 주지는 않습니다. 다양한 드리퍼가 있으니, 취향에 맞춰 선택하시기 바랍니다.

적절히 드립하면 최초 1/3 추출에서 대부분의 커피 성분이 물에 용해됩니다. 그 이후부터 추출액의 색은 서서히 옅어지고, 성분 용해는 줄어듭니다. 그러므로 추출액의 색을 살펴가며 추출해 보시기 바랍니다.

대형

원추형

바닥이 평평한 웨이브식

추출 단계에 따른 풍미의 차이

25g의 가루(시티로스트)를 사용해 처음 100ml, 중간 100ml, 마지막 100ml으로 나누어 추출해 보면, 각각의 추출액 색이 다른 것을 알 수 있습니다. 세 가지 추출액을 미각센서에 돌려보았습니다. 최초 1/3 추출액에서는 산미, 바디, 쓴맛이 강하게 나옵니다. 두 번째 1/3에서는 성분이 절반 이상 추출되며, 마지막 1/3에는 가용성 성분이 거의 남아 있지 않았습니다. 이 때문에 마지막 1/3을 추출하지 않고 열수를 추가하는 분들도 있습니다. 그러나 좋은 SP는 마지막까지 추출해도 잡미가 없으므로 그렇게 추출할 필요는 없을 듯합니다.

추출액 단계별 풍미의 차이

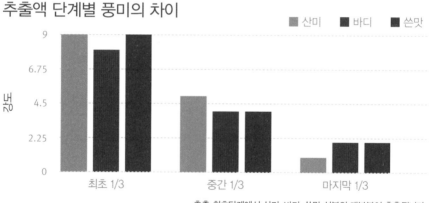

추출 최초단계에서 산미, 바디, 쓴맛 성분의 대부분이 추출됩니다.

왼쪽부터 처음 1/3, 중간 1/3, 마지막 1/3.

chapter 7

제조사 추천방법으로 내려본다

추출에 사용되는 드리퍼는 다양하고, 내리는 방법도 그만큼 다양합니다. 어떤 것이 정답인지 한마디로 정리하는 건 불가능합니다. 최종적으로 좋은 성분이 추출되고, 부정적인 맛(극단적인 산미, 쓴맛, 떫은맛, 탁함 등)이 없으면 좋은 것이라고 할 수 있겠지요. 즉, 품질 좋은 원두를 사용하는 것이 맛있는 커피의 대전제가 됩니다.

생두를 로스팅하면 수분이 증발하고 세포조직은 수축하지만, 더 가열하면 내부는 팽창해 벌집 같은 공간들(다공질구조, 허니컴구조)이 생깁니다. 이때 커피 성분은 공간 세포의 내벽에 부착되고, 발생한 탄산가스가 그 안에 갇히게 됩니다.

추출 프로세스란, 열수가 공간 세포의 섬유질을 부드럽게 만들어 벽에 부착된 성분과 함께 용해시키는 과정입니다. 우선 드리퍼 제조사 추천방법을 참고해 추출해 보시기 바랍니다. 원두만 좋다면 맛있는 커피가 만들어질 것입니다.

원두가 신선(로스팅한 후 시간이 많이 지나지 않은)하고 로스팅 정도가 강할(수분이 더 많이 빠진) 경우 가루가 수분을 흡수하며 팽창하기 때문에, 가루에 물을 침투시키는 데 약간 시간이 걸립니다.

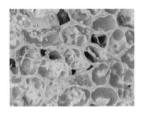

전자현미경 750 배로 본 다공질구조. 세포 공간에 탄산가스와 커피 성분이 갇혀 있습니다.

제조사의 추천방법

칼리타
92℃의 열수 30㎖를 천천히 붓고 30초 기다린 후, 다음 단계에서 나선형을 그리듯 3회전하며 물을 붓는다. 3~4단계에는 두 번째 단계처럼 나선형을 그리듯 천천히 붓는다.

멜리타
안쪽에 새겨진 리브가 물길을 컨트롤하는 설계. 커피를 뜸 들인 후, 필요한 잔 수만큼 열수를 한꺼번에 붓는다. 콩의 양과 물 온도는 취향에 맞추어 조정한다.

하리오
93℃의 열수를 붓고, 30초 기다린 후, 3분 이내에 추출한다. 10~12g으로 120㎖ 추출이 기준.

chapter 8

이 책 추천 커피 추출법

이 책에서는 원추형 드리퍼로 추출하는 것을 기준으로 삼습니다. 물 온도는 90~95℃(가루에 닿을 때의 최초 온도)이며, 추출 전반에 30ml를 붓습니다. 추출 후반에 붓는 양을 50ml 정도로 늘려서, 180초에 300ml를 추출합니다. 익숙해질 때까지 추출시간은 들쭉날쭉하겠지만, 연습을 통해 정해진 시간에 추출할 수 있게 됩니다.

추천하는 추출방법

1인분, 시티로스트 가루 15g을 사용해 120초 전후에 150ml 추출을 목표로 연습합니다. 타이머와 저울을 사용하세요. 단, 1인분 추출은 가루 양이 적고 완성된 풍미를 만드는 데 기술이 필요하므로 처음에는 추출하기 쉬운 2인분으로 연습하면 좋습니다. 2인분은 시티로스트 약간 굵은 가루 25g을 사용해 180초 전후로 300ml 정도 추출합니다.

1 / 중간 굵기 가루 25g(2인분)을 평평하게 합니다.

2 / 90~95℃ 열수 30ml를 부어(최초 30ml가 어느 정도 양인지 확인) 가루에 침투시킵니다.

3 / 20초 기다려 가루의 성분이 추출되기 쉬운 상태를 만듭니다.

4 / 이어 30ml 부어서 추출을 진행하고 다시 20초 기다린 후 30ml(후반은 50ml) 붓는 것을 반복합니다.

chapter 9

호리구치커피연구소 세미나의 추출법

추출의 최종 목표는 가루의 양과 시간을 고려해 적당량의 열수를 컨트롤하며 부어서, 원하는 풍미의 추출액을 자유자재로 만드는 것입니다.

추출 스킬은 (1) 목표 지점에 열수를 적당량 부을 수 있게, (2) 10회 추출하여 같은 풍미가 되게, (3) 1인분 추출액과 4인분 추출액의 풍미가 같게 만드는 것 등이겠지요. 이게 가능하면 프로의 레벨이라고 할 수 있습니다.

1 / 시티로스트 중간 굵기 25g, 가루를 평평하게 하여 10㎖ 정도의 열수를 단속적으로 붓습니다.

▶ 가루에 물을 침투시켜 성분을 용해하는 프로세스. 물이 흘러내리듯 떨어지는 것은 열수를 너무 많이 부어서입니다.

2 / 최초의 농후한 한 방울이 20~30초에 떨어지도록 합니다.

▶ 최초의 한 방울을 퍼스트 드롭이라고 하며, 떨어질 때까지의 시간(초)은 풍미에 큰 영향을 줍니다.

3 / 이후 30㎖의 열수를 붓고, 20초 기다렸다가 다시 30㎖를 부어줍니다. 이를 반복합니다.

▶ 용해시킨 성분을 서서히 침출 여과시키는 프로세스. 여기까지 90초에 100㎖ 정도를 추출합니다.

4 / 추출량과 추출시간을 컨트롤해 최종적으로는 150초에 240㎖ 추출합니다.

▶ 적당한 농도로 조정하는 프로세스. 최초 부어준 열수로 상부층이 추출되고, 추출된 액체가 다음 층의 가루에 침투해 추출이 계속되어 갑니다.

드립은 물을 붓는 양과 타이밍에 따라 개인차가 생깁니다. 가능한 한 같은 풍미가 되도록 연습하여, 자신만의 추출 감각을 키워가기 바랍니다.

chapter10
융드립으로 내려본다

융 드립은 페이퍼드립과 같은 추출 방법이어도 무방합니다. 융의 경우, 측면에서 나오는 열수 양이 적고, 바닥에 모이는 물의 양이 많아지기 때문에 농도 깊은 커피를 만들기 쉽습니다.

편기모 융이라면, 기모를 바깥쪽으로 합니다. 열수를 부으면 기모가 일어나 필터가 촘촘해지므로 열수가 옆으로 빠져나가기 어려워져서, 보수성이 높아집니다(반대로 기모를 안쪽에 넣는 쪽이 좋다는 견해도 있습니다). 바디가 있는 추출액을 만들고 싶다면 페이퍼드립보다 융드립 쪽이 어울립니다.

융 보관방법

천이 완전히 마르지 않도록 신선한 물에 담가두고 사용하는 것이 일반적입니다. 장기간 사용하지 않을 경우, 물기를 어느 정도 제거한 후라면 비닐봉지에 넣어 냉동고에 보관해도 좋습니다.

추출 시 타월 등으로 포개어 융의 물기를 뺍니다. 융에 들어있는 수분의 양은 보수성에 영향을 주며, 물기가 많으면 물이 빨리 떨어지게 됩니다. 또 융의 사용 횟수가 많아질수록 기모가 줄어들면서 보수성이 떨어지기 때문에 40~50회 사용 후 교체합니다. 융이 품은 수분량, 융 사용빈도, 원두의 신선도(탄산가스를 많이 품은 가루가 잘 부푼다)에 의해 풍미가 변하기 때문에, 풍미를 일정하게 하는 것은 페이퍼보다 어렵다고 할 수 있습니다.

새로운 융은 사용 전에 5분 정도 끓여 풀 먹인 것을 없애야 합니다.

프렌치로스트 가루 15g으로 120초에 150㎖ 추출합니다.
2인분의 경우 가루 25g으로 180초에 300㎖ 추출합니다.

1

물에 담가둔 융을 가볍게 짜서 물기를 뺍니다.

2

가볍게 짠 융을 건조한 타월에 감싸 위에서 눌러 물기를 뺍니다.

3

융에 중간 굵기 가루 15g을 세팅한 후 90~95℃의 물 30㎖를 중심부부터 원을 그리듯 붓고 (500원짜리 동전 크기, 열수는 가루 사이사이로 침투해간다) 20초 정도 기다립니다.

4

다음 30㎖를 붓고 20초 기다립니다. 이를 반복합니다.

5

120초 정도에 150㎖ 추출합니다. 가루를 늘리고 붓는 양을 줄여 추출시간을 늘리는 등의 조정을 하면 좀 더 농도 깊은 커피가 됩니다.

융은 항상 물에 넣은 상태(혹은 물기가 있는 상태)로 보관합니다. 건조시키면 안 됩니다.

클레버Clever로 내려본다

초보자라도 안정적으로 추출할 수 있어 매우 편리한 대만제 드리퍼로, 손쉽게 구입할 수 있습니다. 드립 스킬이 필요없으며, 드리퍼 속 가루가 열수에 담기는 상태이기 때문에 침지법이라고 할 수 있습니다.

클레버는 추출 레시피를 정해두면 풍미의 변동이 적고, 가정이나 카페에서도 작업을 병행하며 커피를 추출하고 싶을 때 편리합니다.

또한 동시에 많은 샘플을 추출해 풍미를 비교할 때에도 편리합니다.

15g 가루에 180㎖ 열수를 붓고,
3회 교반해 4분에 150㎖를 추출합니다.

1 / 드리퍼에 페이퍼를 세팅하고, 중간 굵기 가루 15g을 준비해 95℃ 전후의 열수 180㎖를 한꺼번에 부어줍니다.

2 / 신선하고 배전도가 강한 가루일 경우 많이 부풀기 때문에, 열수를 부은 후 3~4회 가볍게 섞어줍니다.

3 / 4분 기다렸다가 유리 서버나 컵에 올려서 그대로 추출액이 떨어지게 합니다.

프렌치 프레스로 내려본다

프 렌치 프레스는 커피 플런저 혹은 카페 프레스라고도 불립니다. 용량 350㎖ 용기에 약 15g의 가루를 넣고 180㎖ 열수를 붓습니다. 가루와 물의 양, 추출시간은 취향에 맞추어 조정합니다.

로스팅이 강한 커피일 경우, 콩의 표면에 미량의 오일이 비쳐 나옵니다. 이 오일 성분이 추출되기 때문에 '페이퍼드립보다 바디(점성, 매끄러움)가 증가한다'고 말하기도 하지만, 미분이 섞이므로 꼭 그렇다고만 볼 수는 없습니다. 오히려 이 오일 성분을 싫어하는 사람도 있

고, 원두 안의 지질이 용해되는 것도 아닙니다(에스프레소는 압력을 주어 추출하기 때문에 미량이지만 지질이 용해되어 Brix가 높고 농도 깊은 커피가 됩니다). 또 금속필터일 경우 페이퍼드립보다 많은 미분이 통과하므로 추출액이 조금 혼탁해집니다. 미분과 오일이 신경 쓰이지 않는 사람에게는 편리한 추출기구입니다.

**15g 가루에 180㎖ 열수를 부어,
4분에 150㎖ 정도를 추출합니다.**

1 용량 350㎖의 용기에 약간 굵은 가루 15g을 넣습니다.

2 90~95℃의 열수를 100㎖ 정도 부어줍니다. 신선한 가루, 배전 정도가 강한 가루는 많이 부풀기 때문에 스푼으로 2~3회 교반해 남은 물 80㎖를 부어줍니다.

3 4분 기다렸다가 프랜저를 천천히 눌러 내리면서 추출합니다.

chapter13
금속필터로 내려본다

페이퍼를 대체하는 금속 드리퍼 사용이 증가하고 있습니다. 스테인리스나 순금도금 제품이 있으며, 메시의 촘촘함을 더욱 미세하게(더블 메시 등) 만든 제품도 속속 출시되고 있습니다. 저는 페이퍼가 떨어졌을 때를 대비해 스테인리스 드리퍼를 하나 갖추고 있습니다만, 풍미와 추출액의 질감이 페이퍼와는 미묘하게 다릅니다. 기본적으로 프렌치 프레스와 같은 미분이 추출액에 섞이거나 탁함이 발생합니다. 또 로스팅이 강한 원두일 경우, 프렌치 프레스처럼 오일분이 금속필터를 통과하기 때문에, 추출액 표면에 살짝 오일분이 보이기도 합니다. 혀의 감촉에 저항감이 없다면 편리하지만, 혼탁함이 싫은 사람에게는 적합하지 않습니다.

일반적으로 금속필터는 종이보다 보수성은 없습니다. 추출액이 빨리 떨어지는 경향이 있으므로 고온으로 재빨리 추출하는 것이 좋습니다. 다만 구멍이 막히거나 하면 후반부에 추출액이 잘 빠져나오지 않아서, 사용빈도에 따라 미묘하게 추출시간에 변화가 생깁니다. 빈번하게 끓여주거나 식기세척기로 세척하는 작업이 필요합니다.

15g 가루를 120초에 150㎖ 추출합니다.

1 / 스테인리스 드리퍼에 중간 굵기 가루 15g을 넣어 세팅합니다.

2 / 95℃ 물을 30㎖ 붓고 20초 기다린 후, 다음 30㎖를 붓고 다시 20초 기다립니다.

3 / 이를 반복해 120초에 150㎖를 추출합니다.

chapter14
사이펀으로 내려본다

알코올램프로 가열

19 90년 이전 킷사텐 전성기에는 가스버너를 사용해 사이펀으로 추출하는 가게가 많았습니다. 극히 일부지만 가정에서 알코올램프를 열원으로 하여 추출하는 사람도 있었지요. 1990년 이후에는 페이퍼드립이 보급되며 사이펀 사용이 감소했습니다.

그러나 2007년 이후 SCAJ(일본스페셜티커피협회)에서 '재팬 사이포니스트 챔피언십'이라는 대회를 개최하고 사이펀용 할로겐램프가 개발된 덕에, 다시 사이펀을 사용하는 카페가 늘어나고 있습니다. 다만, 일반가정에서 사용하는 사례는 많지 않습니다.

15g 가루를 60초에 150㎖ 추출합니다.

1 / 하부 플라스크에 180㎖ 열수를 넣고, 상부 로트에 필터를 세팅한 후, 중간 굵기 가루 15g을 넣어 하부의 플라스크에 꽂습니다.

2 / 알코올램프에 불을 붙이면, 물이 위로 이동하므로, 몇 차례 교반한 후 1분 기다립니다.

3 / 알코올램프를 빼면 플라스크 내압이 떨어져, 추출액이 플라스크로 떨어집니다.

추출액의 농도와 풍미를 알아보자

다양한 방법으로 추출한 커피의 농도
Brix를 측정해 미각센서에 돌려보았습니
다. 커피 샘플은 시티로스트(pH5.4)로 같
은 콩을 사용해 15g, 150ml를 제가 추
출했습니다. 원추형, 대형, 스테인리스,
융은 추출량과 추출시간을 맞추어 가능
한 같은 방법으로 추출했습니다.
그 결과 원추형과 융드립이 농도 있는
커피를 만들기 수월하다는 결론을 얻었
습니다. 다만, 농도는 열수를 붓는 방법
으로도 바뀌기 때문에 참고용으로만 보
면 될 듯합니다.

7종 추출방법과 농도Brix

기구	시간 (초)	Brix	풍미
원추형	120	1.45	산미와 바디의 밸런스가 좋다
대형	120	1.35	은은한 산미의 여운
클레버	240	1.25	살짝 종이 냄새가 남는 경우가 있다
스테인리스	120	1.15	살짝 혼탁함이 있으며 , 독특한 풍미
융	120	1.45	살짝 산미가 있으며 , 제대로 된 풍미
프렌치 프레스	240	1.35	미분이 있어서 약간 혼탁함 , 180초여도 좋다
사이펀	90	1.30	120초가 되면 풍미가 살짝 무거워진다 .

다양한 추출방법에 따른 풍미 차이

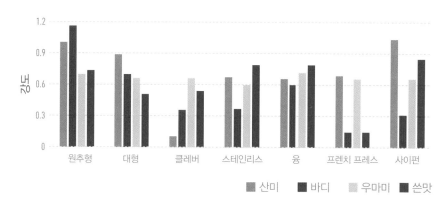

위 그래프는 7종 추출방법으로 추출한 추출액(시티로스트)을 미각센서에 돌려본 결과입니다. 그래프는 그 결과가 고르지 않음을 보여줍니다. 원추형, 대형은 산미가 두드러지고, 융은 풍미 밸런스가 좋은 것으로 나타납니다. 반면 클레버는 산미가 약하고, 스테인리스, 프렌치 프레스, 사이펀은 바디가 다소 약하다는 결과가 나왔습니다.

그러므로 가루의 양과 추출시간을 미세조정하면 풍미 밸런스가 좋아질 것으로 예측됩니다.

푸어오버pour over와 아이스커피

2010년 전후부터 미국의 일부 커피숍에서 일본의 페이퍼드립에 영향받아 에스프레소 외에 핸드드립 커피를 제공하기 시작했습니다. 핸드드립은 미국에서는 푸어오버(위에서부터 붓는)라고 불리며 인기를 끈 후 세계적으로 확산했고, 바리스타의 스킬 중 하나로 추가되었습니다.

차가운 커피를 많이 마시는 일본에서는 오래전부터 이를 위해 다양한 추출방법이 개발되었습니다. 그런데 유럽의 여름 기온이 상승하면서 북유럽 커피숍에서도 2010년경부터 차가운 커피 메뉴가 등장했습니다. 이렇게 퍼져 나간 아이스커피는 현재 유럽과 아시아, 미국 등 많은 국가에서 판매되고 있습니다.

일본에서는 아이스커피용으로 쓴맛이 강한 원두가 팔리고 있지만, 프렌치로스트 블렌드 또는 스트레이트(싱글오리진)를 선택하면 좋을 듯합니다.

일본의 전통적인 한 잔용 아이스커피 만드는 방법은 급랭법(2인분)입니다. 프렌치로스트 가루 30g을 사용, 150초에 200mℓ를 추출합니다.

1 / 얼음을 가득 채운 잔에 뜨거운 커피 100mℓ를 한꺼번에 부어줍니다. 입자는 중간 굵기거나 약간 거칠게 합니다. 가늘게 분쇄하면 쓴맛이 강해집니다.

2 / 아이스커피에는 프렌치로스트를 권합니다. 미디엄로스트로 만들 경우 산미가 강해지며, 투명감도 떨어집니다.

chapter16
아이스오레 등 우유를 넣어 만드는 법

아이스오레*의 경우 매우 농도 깊은 커피 추출액이 아니면 자칫 우유 맛에 밀리게 됩니다. 30g 가루를 사용해 180초에 3인분 180ml 정도를 추출한 뒤 냉장고에 차갑게 보관합니다. 얼음 넣은 잔에 커피 60ml와 우유 60ml를 넣습니다.

결점두 혼입 없이 신선한 원두라면 다음날까지 풍미의 변질(산화)이 적으며, 액체의 투명함도 떨어지지 않습니다.

2010년대에는 미국 스텀타운 사 등이 워터드립 커피에 질소가스Nitrogen를 섞은 후 생맥주처럼 추출하여 거품을 발생시킨 일명 '니트로 커피'*를 개발했습니다.

이 무렵부터 콜드 브루Cold brew(워터드립)라는 말이 유행하기 시작했고 지금은 캔이나 페트병에 넣어서도 많이 판매하고 있습니다.

* 아이스오레는 카페오레의 아이스 버전으로, 커피+우유지만, 아이스카페라테는 에스프레소+우유(p55쪽 참고)입니다. 에스프레소는 Brix 10 정도의 농후한 맛이라, 우유 맛에 밀리지 않습니다.

** 니트로커피는 스타우트stout커피(진한 맛의 강렬한 맥주 같다는 의미)라고도 불리며 확산하는 추세입니다. 기네스 맥주처럼 매끄럽고 깊이 있는 뉘앙스의 맛입니다.

스타우트 커피
고운 거품이 매끄러운 감촉을 만듭니다. 질소 충전 전용 서버가 필요하지만, 크리미한 감각은 새로운 아이스커피의 풍미라고 할 수 있습니다.

아이스오레
농후하며 분명한 풍미를 지닌 아이스커피(Brix 3.0 정도 농도)를 만드는 것이 포인트입니다. 아이스커피와 우유를 1:1 비율로 합니다.

워터드립 커피 만들기

워터드립 커피는 오래전 네덜란드 령이었던 인도네시아에서 이용된 까닭에 '더치 커피Dutch coffee'라고도 불렸습니다. 커피와 물을 넣은 천 주머니를 나무에 매단 후 거기에서 떨어지는 추출액을 모아 만든 커피가 그 기원이라고 합니다.

지금은 워터드립 커피 전용기구가 여러 나와 있고 일본의 일부 커피점에서도 워터드립 커피를 제공하고 있습니다. 곱게 분쇄한 가루를 사용해 한 방울 한 방울 물을 천천히 떨어뜨려, 8시간 안팎에 걸쳐 추출합니다.

최근에는 간편한 가정용 워터드립 전용기구들도 시판되고 있으며, 종이 재질 티백에 가루를 넣어 물에 담가두는 식으로 간단히 만들 수도 있습니다. 가루 10g에 물 100ml 정도 비율로 추출합니다. 워터드립은 쓴맛이 부드러워지지만, 향은 약해지는 듯합니다.

업무용 더치커피 기구

가루와 물을 넣어 두는 것만으로 아이스커피를 만들 수 있다.

추출전용 포트 고르기

드립의 경우, 추출전용 포트가 있으면 편리합니다. 목표지점에 적당량의 물을 잘 떨어뜨릴 수 있는 포트를 말합니다.

주전자나 전기포트로 끓인 열수를 이 추출 포트에 바로 옮겨 담으면 96℃ 전후가 됩니다. 열수가 처음 가루에 닿을 때는 대략 93~95℃ 정도이며, 이후로 물 온도는 점점 떨어집니다. 포트는 너무 무겁지 않아야 다루기 쉬우므로 0.7L~1L 용량을 추천합니다.

창업 때부터 15년간 매장에서 추출을 해온 저는 포트도 신중하게 골라 사용했습니다. 유키와포트의 주유구를 구부려 한 방울씩 떨어뜨리기 쉬운 형상으로 만든 것, 그리고 칼리타의 동포트를 주로 이용했습니다.

드립 포트

끓이는 기능의 전기 포트

커피 밀 고르기

커피는 가능한 한 원두로 구매하시길 추천합니다. 분쇄하는 게 귀찮다는 분도 있지만, 콩을 갈 때의 향은 기분을 좋아지게 합니다.

입자는 풍미에 가장 큰 영향을 주기 때문에, 일정하게 갈리는 밀이 좋습니다. 따라서 굵기 조절 다이얼이 있어서 입자 조정이 되는 전동 밀이 이상적입니다. 수동 밀이라도 원하는 입자를 고정할 수 있는 것이 좋습니다.

비교적 저렴한 것으로는 프로펠러식 원통형 전동 밀이 있습니다. 프로펠러를 회전시켜 분쇄하는데 입자가 고르지는 않습니다. 반드시 도중 1회 흔들어 가루를 섞어주고 다시 '몇 초간 분쇄하는' 등 분쇄 시간을 정해 둘 필요가 있습니다.

대학의 연구실에서는 비교적 저렴한 드롱기 KG366J를 사용하고 있습니다. 이탈리아제로 가정용 에스프레소머신용인데, 아주 곱게 분쇄됩니다. 또 드립의 경우 가장 굵은 입자로 대응할 수 있어서 편리합니다.

호리구치 연구소에서는 업무용 R-440(후지로얄)을 사용하고 있습니다. 보조기로서 쓰는 R-220(후지로얄), 나이스컷밀(칼리타)은 가정용으로서는 최상입니다. 이 두 기종은 작은 커피숍이나 카페에서도 사용 가능합니다.

이렇게 다양한 그라인더가 있으니 취향에 따라 선택하시면 됩니다. 성능 좋은 수동식 밀이 있다면 1인분 원두 15g을 45초 정도에, 2인분 25g을 75초 정도에 분쇄할 수 있습니다.

다양한 수동 밀. 가볍게 갈리는 것이 성능 좋은 제품입니다.

왼쪽부터 드롱기 KG 366 J, 칼리타 나이스컷밀, 후지로얄 R-440, 하리오 V60 전동그라인더컴팩

커피 입자

커피 원두를 분쇄한 것을 입자 또는 메시라고 합니다.

입자는 크게 '매우 고운' '고운' '중간' '약간 굵은' '매우 굵은' 등 5단계로 나뉩니다. 입자는 고우면 고울수록 커피 성분이 많이 추출되기 때문에 농도가 진하고 쓴맛이 강해집니다. 반대로 입자가 굵으면 굵을수록 커피 성분이 덜 추출되기 때문에 농도는 묽고 쓴맛은 약해져서 상대적으로 산미가 강한 맛이 표현됩니다. 같은 크기의 입자라도 로스팅에 따라 맛이 미묘하게 달라지기 때문에 처음에는 입자를 고정해 주세요. 익숙해진 후 미세조정을 하면 좋을 것입니다.

호리구치커피연구소에서는 가루를 1mm의 채에 걸러서 50% 정도 통과하는 입자로 설정하고 있습니다. 또 대학에서 분석용으로는 40메시의 채에(메밀면 제조에 사용되는 채와 같은 정도) 걸러서 사용했기 때문에, 곱게 만드는 것이 꽤나 귀찮았습니다.

사진은 약간 굵게 분쇄한 가루. '약간 굵은' 입자의 기준은 가게나 개인마다 차이가 생길 수 있습니다. 다만 가능한 균일한 크기로 내려야 맛의 흔들림이 적어집니다.

커피 입자

'매우 고운' 굵기

입자가 가장 가늘어서 파우더 같은 크기입니다. 에스프레소나 이 브릭(터키식)용으로, 이렇게 곱게 분쇄하려면 전용 그라인더가 필요합니다. 추출하면 매우 농후하고 쓴맛이 도드라집니다.

'고운' 굵기

입자 크기는 백설탕 알갱이 정도. 온수와 만나면 표면적이 커지며, 성분이 빨리 용해됩니다. 산미가 적고 농후하며 쓴맛이 강한 커피가 됩니다.
워터드립(더치커피), 마키네타(직화식 에스프레소 메이커) 등에 어울립니다.

'중간' 굵기

백설탕보다는 조금 굵은 크기입니다. 대부분은 이 정도 입자로 갈립니다. 쓴맛과 산미의 균형이 잡힌 맛으로, 다양한 추출방법에 대응할 수 있습니다.
커피메이커, 사이펀, 융드립, 페이퍼드립 등에 적합합니다.

'약간 굵은' 굵기

입자가 약간 거칠고 시간을 들여 추출할 때 쓰입니다. 가루를 온수에 담그는 침지법에 어울리며, 깔끔한 맛을 만들어냅니다. 굵은 굵기의 커피는 쓴맛이 적고, 산미가 살짝 도드라집니다. 강배전 원두를 페이퍼드립이나 융드립으로 추출하면, 부드럽고 매끄러운 쓴맛을 표현할 수 있습니다.
프렌치 프레스, 퍼콜레이터, 용량이 큰 커피 메이커에 적합합니다.

'굵은' 굵기

250g 또는 500g 정도의 가루를 융으로 추출하는 경우에 어울립니다. 가루의 양이 많으므로 '고운' 굵기는 열수가 떨어지기 어렵고, 쓴맛이 강하게 나옵니다.

2 에스프레소를 내린다

에스프레소를 즐긴다

1990년 제가 개업할 당시는 킷사텐과 커피숍에서 에스프레소를 거의 제공하지 않던 시대였습니다. 저는 이탈리안 레스토랑용 에스프레소 Esprosso를 만들기 위해 아스트리아 사의 에스프레소 머신을 구입했습니다. 그러나 당시 일본에는 '에스프레소가 어떤 것인지' 이해하는 커피 관계자가 거의 없어서 이탈리아에 여러 차례 갈 수밖에 없었습니다.

그 결과 커피콩이나 배전도에 상관없이 '머신으로 빨리 추출하는 것이 에스프레소(영어로 express)라는 사실을 알게 되었습니다. 하루 500잔의 커피를 재빨리 추출하기에는 최적의 방법이었습니다.

당시 이탈리아에서는 아라비카종+카네포라종(로부스타종)의 블렌딩이 일반적이어서 저도 처음에는 인도네시아의 자바 로부스타 품종을 블렌딩했지만, 최종적으로는 아라비카종 100%에 이르렀습니다. 일본의 물은 이탈리아와 달리 연

덴마크의 커피숍(위), 일본의 커피숍(아래).

수라서 로스팅이 약하면 산미가 너무 강하게 나왔기 때문에 아라비카종을 프렌치로 로스팅했습니다. 대부분의 이탈리아 레스토랑과 프렌치 레스토랑에 가서, 업소의 머신을 사용해 오너 취향의 향미에 맞춘 블렌드를 만들었습니다.

결국, 신선하고 품질이 좋은 원두로 추출하면 맛있는 에스프레소를 만들 수 있었습니다.

chapter2
에스프레소란 농도가 있는 커피

일본에서는 오랫동안 드립 커피가 전통적인 추출문화를 형성했습니다. 그러나 전 세계 소비국 및 생산국의 카페와 커피숍에서는 에스프레소 머신이 더 많이 사용되고 있습니다. 이는 이탈리아의 바, 이탈리안 레스토랑(식후 에스프레소를 마시는 일이 많음), 스타벅스 등 시애틀계 커피숍 확산*, 2000년 이후 개최된 바리스타챔피언십** 등이 끼친 영향 때문인 듯합니다.

이 대회는 미각평가뿐만 아니라 음료를 만들어내기까지 모든 작업 내용의 적절성, 정확성 등을 평가합니다. 우승자는 세계대회WBC, World Barista Championship에 파견됩니다. 또 일본에는 JBA(일본바리스타협회)가 있어서, 여기에서도 대회를 개최하고 있습니다.

에스프레소는 쓴 커피가 아니라 농도가 있는 커피입니다. 이탈리아 에스프레소의 기본 추출은 7g의 가루를 30초에 30ml 추출(1초에 1ml)합니다. 9기압의 압력을 가하기 때문에, 페이퍼드립과 프렌치 프레스의 일반적인 추출농도(Brix 1.5 전후)에 비하면 가용성 성분 대부분이 추출되어 Brix 10 전후의 고농도 추출액이

드롱기 MAGINIFICA

되며, 70℃가량의 온도로 제공됩니다. 다만, 빠른 추출로 인해 유기산이나 카페인 양이 조금 감소합니다.

에스프레소 머신의 성능이 향상하면서 보다 더 맛있는 풍미의 커피를 위해 한 잔당 사용하는 가루 양이 증가하는 추세입니다.

* 2000년대는 스타벅스와 함께 시애틀계 미국 탈리즈(Tullys coffee corporation), 시애틀즈베스트(Seatlles's Best Coffee)가 3대 시애틀파를 이루었습니다.

** 바리스타챔피언십은 일본에서는 SCAJ(일본스페셜티커피협회) 주최로 열리며 정해진 시간 안에 3종의 커피를 만들어야 합니다. 먼저 '에스프레소', 그리고 '밀크 비버리지', 마지막으로 '시그니처 비버리지'라는 창작 드링크가 바로 그것입니다.

에스프레소 머신에서는 고압추출로 인해, 본래 물에 녹지 않는 기름 성분이 컵 한 잔당 1g가량 에멀전화한 기름방울로 추출됩니다.[*] 또한 이산화탄소의 작은 기포가 콜로이드 용액(2개 물질의 입자가 균일하게 섞인 상태)을 만들어, 지용성 향기 성분과 함께, 탄탄한 바디감을 느낄 수 있습니다.

에스프레소는 본래 이탈리아, 프랑스, 스페인 등에서 널리 음용되었습니다. 하지만 미국, 북유럽, 오스트레일리아 등 소비국뿐 아니라 많은 커피 생산국에도 널리 퍼져 현재 추출방법의 주류가 되고 있습니다.

[*] Ernesto Illy, The complexity of Coffee, Scientific American, 2002

현지에서 찍은 사진들

로마

피렌체

베니스

오슬로

헬싱키

코펜하겐

파리

포틀랜드

시애틀

업무용 에스프레소 머신

에스프레소 머신은 1901년 이탈리아 밀라노에서 루이지 베제라 Luigi Bezzera가 개발한 증기압 커피추출기를 기원으로 발전해 왔습니다. 현재 업무용 에스프레소 머신은 세미오토 머신과 전자동 머신으로 구분되며 둘 다 가정용으로도 보급되고 있습니다.

2000년 이후 급속하게 늘어난 에스프레소 머신들 중에는 특히 2010년대 이후 세미오토 타입이 많아졌습니다. 2010년대에는 머신의 안정성이 놀랍게 향상돼 더블 보일러(열수, 스팀용과 추출용), 추출온도 조절(배전도에 맞춰 조정하기 위해), 가루가 많이 들어가는 필터 홀더 등 다기능으로 진화하고 있습니다. 또 정확하게 적량이 자동 분쇄되는 그라인더가 개발되는 등 성능이 비약적으로 향상되고 있습니다.

일반적으로 추출방법은 (1) 극세 굵기로 분쇄할 수 있는 전용 그라인더를 사용하여, (2) 적량의 가루를 필터 홀더(포터필터)에 넣고, (3) 탬퍼로 가루를 균일하고 단단하게 눌러준 후, (4) 본체에 필터를 세팅해 추출합니다. 또 부착된 증기 노즐로 스팀밀크를 만들 수 있습니다. 바리스타는 매일 시작 시점에 메시, 추출시간, 추출량 등을 조정합니다.

이에 비해 전자동 머신은 미리 설정한 조건 아래 버튼 하나로 추출량을 선택하여 우유 메뉴도 만들 수 있습니다. 1일 추출량이 많으면 연속추출 성능이 좋은 머신이 필요합니다. 업무용 머신은 급수 배수설비와 200V 전원이 필요하며, 전용 정수기를 부착해야 합니다.

LA CIMBALI 에스프레소 머신

chapter 4
이탈리아의 BAR

에스프레소 발상지인 이탈리아에서는 매일 아침 출근 전에 바BAR*에서 에스프레소를 한 잔 마시는 게 일상처럼 굳어져 아침부터 인파가 줄을 잇습니다. 이곳은 지역 밀착 커뮤니케이션의 장이기도 합니다. 이탈리아에서는 풍미의 밸런스를 위해, 설탕과 크레마**와 추출액을 잘 섞어서 마십니다.

베니스의 BAR

이탈리아 BAR의 경우, 에스프레소라고 해도 추출량은 다양합니다. 리스트레토Ristretto는 20ml 전후 추출하는 농후한 에스프레소. 이탈리아 남부로 갈수록 많이 음용되지요. 표준 에스프레소는 30ml 전후이며, 룽고Lungo는 약간 묽은 50ml 전후의 에스프레소입니다.

BAR에서 먹는 조식

이탈리아인들은 바를 일상적으로 애용해 세컨드 카사(제2의 집)라고도 부릅니다. 한편 광장 주변 등에는 식사가 가능한 풀서비스 카페가 많습니다. 이런 가게는 테이블에서 계산을 합니다.

* 이탈리아의 BAR는 거리 곳곳에 있으며 아침, 점심, 저녁 언제든 이용할 수 있습니다. 간단한 식사도 가능하며, 술도 판매합니다. BAR에서는 일반적으로는 돈을 지불하면 영수증을 카운터에 건넵니다. 바리스타는 에스프레소를 제공한 후 영수증을 반권 회수합니다. 대부분 서서 마시지만, 테이블이 있는 가게도 있지요. 이런 곳은 풀서비스로 요금이 비싸집니다.

** 크레마는 에스프레소 위에 떠 있는 고운 거품으로, 두께가 있으며 곧바로 녹아 사라지지 않습니다. 콩이 신선하면 탄산가스가 많아서 곱고 예쁜 크레마가 생깁니다.

* 하야시 시게루 《이탈리아의 BAR를 즐기다》, 미타출판회, 1997

세계적으로 확산하는 에스프레소

미국 포틀랜드에 있는 커피숍 풍경

이탈리아의 BAR를 원형으로, 1990년대부터 스타벅스 등 시애틀계(시애틀에 스타벅스 본사가 있음) 매장이 늘어났습니다. 2000년대 이후 미국 커피업계는 스타벅스를 필두로 새로운 바람을 일으키며 급발전했고, 그 움직임을 두고 일부에서는 세컨드 웨이브*라고도 일컬었습니다.

이후 시카고 인텔리젠시아Intelligentsia coffee, 포틀랜드 스텀타운Stumptown Coffee Roasters, 샌프란시스코 블루보틀 Blue Bottle Coffee 등의 움직임이 활발해지면서 2010년 이후에는 '싱글오리진의 모색, 에스프레소 이외 푸어오버(핸드드립 추출), 주방을 보여주는 점포 스타일, 점포 내 사용가능한 Wifi' 등 새로운 커피 문화가 퍼지기 시작했습니다. 이런 움직임을 두고 일부에서 서드 웨이브**라고 부르기 시작했습니다.

최근에는 그들의 영향을 받은 새로운 커피숍이 세계적으로 많이 생겨났습니다. 에스프레소 유행은 일본, 북유럽, 호주 등과 커피 생산국을 포함해 전 세계로 퍼져갔습니다. 현재 아시아권에도 이런 유형의 커피숍이 많이 생기고 있으며, 기본은 셀프서비스입니다.

* 1960~1970년대 미국 커피는 대량생산, 대량소비와 가격경쟁의 시대였습니다. 그러던 1982년 중소 로스터회사들을 중심으로 SCAA(미국스페셜티커피협회)가 탄생했습니다. 이후 저가, 저품질 커피에 대항하는 스타벅스 등의 움직임은 '세컨드 웨이브'라고도 불리기 시작했습니다.

** 2002년 SCAA 로스터 길드의 뉴스레터에, 트리시 로스겝(Trish Rothgeb)이 당시의 새로운 커피 움직임에 대해 '서드 웨이브'라는 용어를 썼습니다. 일본에서는 2010년 전후부터 미디어가 이 용어를 빈번하게 사용했지만, 최근에는 그 빈도가 확연히 줄었습니다.

이탈리아계, 시애틀계, 서드 웨이브계의 커피숍은 역사 및 문화적 측면이 서로 다릅니다. 대략적인 차이를 아래의 표로 정리해 보았습니다. 일본에서 커피숍과 BAR에 들어가면 점포 안을 잘 관찰해보시기 바랍니다.

블루보틀(샌프란시스코)

인텔리젠시아(로스앤젤레스)

에스프레소 문화권의 대략적 차이

	이탈리아계	시애틀계 · 서드웨이브계
머신의 방향	카운터 뒤쪽에 커피머신을 두는 사례가 많고, 고객에게 등을 보이며 추출한다.	카운터 위에 두어 고객과 대면하는 위치가 많다. 2010년 이후 점포를 바라볼 수 있는 구조의 가게들이 많아지고, 머신 위치는 다양하다.
바리스타	남성이 압도적으로 많은 전문직. 정규 고용으로 평생직장으로 생각하는 경향이 강하지만, 최근에는 여성 바리스타도 증가했다.	남녀 상관없이, 아르바이트가 많다. 바리스타챔피언십의 영향이 크다.
배전도	북부는 미디엄로스트이며, 남부는 약간 강하지만 시티까지 가지는 않는다. 경수로 산미가 나오기 어렵다.	스타벅스는 다크로스트, 서드웨이브계는 미디엄로스트가 많지만, 최근에는 약간 강배전도 늘고 있다.
생두의 종류	아라비카종과 카네포라종의 블렌드가 많다.	아라비카종만 사용하는 곳이 많다.
기호	아침 기본은 에스프레소. 밀라노 등에서는 카푸치노도 즐겨 마신다.	에스프레소보다 카페라테나 그 외 배리에이션 메뉴가 많다.
주류 취급	아이스계 메뉴가 적음. 주류 메뉴를 파는 가게가 많음.	아이스계 메뉴도 많다. 주류를 취급하지 않는 곳이 많다.

chapter 6
에스프레소를 가정에서 즐긴다

직화식 에스프레소 메이커로서 알려진 유명한 추출기구로 비알레띠Bialetti 사의 '모카 에스프레소'가 있으며, 이탈리아 가정에서 많이 사용합니다. 증기압을 이용한 에스프레소와는 다르지만 가격이 비싼 머신 대용으로 도전해 보면 좋을 듯합니다.

사용방법은 (1) 탱크에 물을 넣고, (2) 홀더에 극세 가루를 넣고, (3) 상부 탱크를 접속해 중불로 끓이면, (4) 추출액이 상부 탱크로 이동합니다. 쓴맛이 많이 나며, 살짝 가루가 섞인 추출액이 됩니다.

가정용 에스프레소 머신은 집에서 간편하게 에스프레소를 내릴 수 있는 커피 메이커로서 업무용 머신의 구조를 간소화해 만들어졌습니다. 세미오토 타입은 업무용 머신처럼 홀더에 가루를 넣고 탬핑한 후, 추출구에 홀더를 꽂아서 추출합니다. 그러나 전용 그라인더도 필요한 탓에 최근에는 인기가 없습니다.

최근에는 가정용이라도 버튼 하나로 추출량을 선택하는 전자동 타입이 주류입니다. 스팀 노즐로 거품 우유를 만

드는 타입과 버튼 하나로 카푸치노 등 우유 메뉴를 즐길 수 있는 기기도 있습니다.

일본의 물은 연수이기 때문에 미디엄 로스트 전후 원두로는 산미가 강하게 나옵니다. 에스프레소에는 시티로스트 혹은 프렌치로스트로 섬세한 쓴맛과 산미가 조화로운 콩을 고르는 것이 중요합니다. 가정용의 경우 급수는 탱크식이며, 일반 공급 전원을 사용하므로 전기공사나 급수 공사는 필요 없습니다.

에스프레소 메뉴 만들기

집에서도 카푸치노와 카페라테를 만들고 싶어하는 분들이 많아졌습니다. 이 책에서는 드롱기 가정용 '메그니피카 S' 전자동 머신을 사용했습니다. 모두 프렌치로스트 원두입니다.

포밍 포트에 우유를 넣고 증기 노즐을 꽂아 스팀밀크, 폼밀크를 만듭니다.

에스프레소

1 / 카푸치노

약간 두꺼운 150㎖ 용량의 컵에 에스프레소 30㎖를 추출합니다. 폼밀크(거품우유)와 스팀밀크(데운 우유)를 만들어 에스프레소에 붓습니다(이 컵은 30년 전 이탈리아에서 산 것입니다).

2 / 카페라테

약간 두꺼운 150㎖ 용량의 컵에 에스프레소 30㎖를 추출합니다. 스팀밀크 120㎖ 정도를 부어줍니다(이 컵은 한국에서 산 청자입니다).

3 / 모카치노

컵에 초콜릿 시럽을 넣고, 에스프레소 30ml를 추출하여 섞어줍니다. 카푸치노를 만드는 방법으로 폼밀크와 스팀밀크 120ml를 부어줍니다(이 컵은 지노리 사의 카푸치노 컵입니다).

4 / 카페마키아토

마키아토는 '익숙하다'는 의미입니다. 폼밀크 50～60ml를 컵에 붓고, 에스프레소 30ml를 추출하여 넣습니다(프랑스에서 구입한 약간 작은 사이즈의 컵입니다).

5 / 아포가토

아포가토는 '물에 빠지다'라는 의미입니다. 바닐라 아이스크림을 컵에 넣고 에스프레소 30ml를 추출하여 붓습니다.

6 / 아이스 카페라테

얼음과 우유를 넣은 컵에 에스프레소 30ml를 추출하여 붓습니다.

7 / 아이스 커피

유리컵에 얼음을 넣고, 에스프레소를 더블로 60ml 추출하여 뜨거운 상태로 붓습니다.

chapter 8
에스프레소의
좋은 풍미

세계적으로 보면 에스프레소에 사용하는 콩은 다양합니다. 아라비카종만의 원두, 아라비카종+카네포라종 원두, 미디엄부터 프렌치로스트까지 다양한 로스팅의 콩이 사용됩니다. 따라서 풍미에 대한 평가는 일정할 수 없습니다.

풍미의 변동요인은 (1) 수질(국가별로 다르다), (2) 가루 입자의 크기(메시), (3) 추출량, (4) 탬핑 방법, (5) 원두 종류(아라비카종, 카네포라종 등), (6)로스팅 정도, (7) 로스팅한 날로부터 경과일수(갓 볶은 원두보다 1주일 정도 시간이 지난 쪽이 풍미를 안정시키기 쉬움) 등 여러 가지입니다.

일반적으로 좋은 풍미는 초콜릿(바닐라 및 카카오), 플라워리(꽃 같은), 프루티(과일 같은) 등이며, 좋지 않은 풍미는 스트로(볏짚), 스모키(연기에 쐰 듯한), 너트(땅콩) 등을 들 수 있습니다. 제가 생각하는 좋은 에스프레소 풍미와 안 좋은 풍미를 표로 만들어 보았습니다.

아라비카종

카네포라종

BAR(커피숍)에서 에스프레소를 마시는 곳은 이탈리아, 프랑스, 스페인 등입니다. 다른 유럽 국가나 미국 등 여러 국가에서는 우유를 넣은 베리에이션 메뉴를 많이 판매합니다. 에스프레소를 추출한 후 온수를 붓는 '아메리카노'라는 방법도 있습니다.

덴마크의 커피숍

에스프레소 풍미

풍미	한국어	좋은 풍미	나쁜 풍미
Aroma	향	향이 짙은	향이 약한
Acidity	산미	산뜻한 산미	독한 산미, 자극적인 산미
Body	바디	농축감, 복잡함	얇은, 얄은
Clean	클린함	잡미 없이, 깔끔한 풍미	혼탁함과 잡미가 있는
Balance	밸런스	농후한 가운데 은은한 산미가 있는	시큼한
Aftertaste	여운	단 여운이 지속적인	여운이 없는
Bitterness	쓴맛	부드러운 쓴맛	자극적 냄새, 탄향이나 연기 냄새
Crema	외관	부피감 있고 거품이 지속되는	거품이 얇아서 금세 사라짐

에스프레소의 분석 데이터

에스프레소의 풍미는 사용하는 콩, 로스팅 정도, 가루의 양 등에 의해 달라집니다. 또한 더블 포터필터에 가루를 많이 넣어 추출하는 방법도 있습니다. 라심발리 사의 머신LA CIMBALI M100-DT/2으로 다양한 에스프레소를 추출해 미각센서에 돌려보았습니다.

1 / 프렌치로스트 원두(pH5.6) 19g을 사용해 룽고Lungo(50㎖), 표준 에스프레소espresso(30㎖), 리스트레토Ristretto(20㎖) 3종을 업무용 머신으로 추출하여 미각센서에 돌렸습니다.

2 / 하이, 시티, 프렌치로스트 콩을 추출해 미각센서에 돌렸습니다.

샘플	Brix	테이스팅
Lungo	8.5	향이 짙고, 밝은 산미, 가벼움, 약간 강한 쓴맛
Espresso	11.0	밸런스가 좋은 농도, 마시기 편안한 쓴맛, 명확한 산미
Ristretto	13.8	복합적, 농후, 카카오, 후미에 트로피컬 프루츠

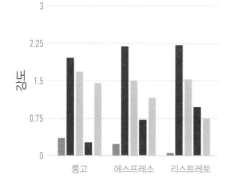

에스프레소 추출량

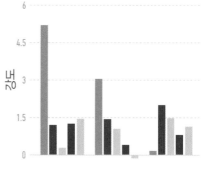

에스프레소 로스팅 정도

산미 바디 우마미 쓴맛 떫은맛

PART 2

커피를 배운다

커피 원재료인 생두는 품질에 따라 선명한 차이를 보입니다. 좋은 환경에서 재배해 적절하게 정제가 이루어지면 고품질 커피가 되고, 좋은 풍미가 만들어집니다. 반면 품질이 나쁜 커피에서는 좋은 풍미가 만들어질 수 없습니다. 커피는 저마다 커다란 품질 차이를 지닌다는 당연한 사실을 알아가는 것이 PART 2의 테마입니다.

PART 3에서는 커피를 선택할 때 필요한 풍미를 이해하기 위해 여러 가지 이화학적 성분 분석치와 관능평가 점수를 게재합니다만, PART 2에서는 그것을 이해하기 위한 기초지식으로서 (1) 커피가 열대작물이라는 사실 (2) 스페셜티커피와 커머셜커피의 차이, (3) 커피의 화학적 데이터, (4) 커피를 평가한다는 것, 마지막으로 (5) 커피 유통에 관해 설명하려 합니다.

1 커피나무와 재배에서 커피를 배운다

chapter1
커피는 열대작물

커 피나무는 주로 열대지역에서 자생 혹은 재배되는 꼭두서니과의 상록 목본입니다. 커피는 그 과일의 종자를 원료로 사용합니다.

커피 과일의 구조

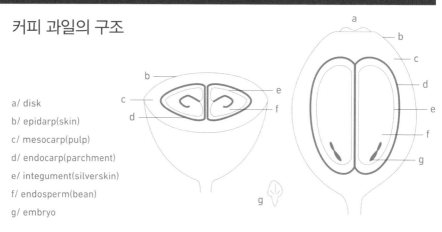

a/ disk
b/ epidarp(skin)
c/ mesocarp(pulp)
d/ endocarp(parchment)
e/ integument(silverskin)
f/ endosperm(bean)
g/ embryo

Jean Nicolas Wintgens/Coffee : Growing, Processing, Sustainable, Production/WILEY=VCH

과육의 가장 바깥쪽에는 외피skin, 이에 싸인 과육pulp과 그 안쪽 내과피 parchment(파치먼트)라는 두꺼운 섬유질 껍질이 있으며, 그것을 당질의 미끌거리는 고무상 점액질mucilage이 감싸고 있고, 가장 안쪽에 있는 종자의 표면에는 실버스킨siverskin(은피)이라는 얇은 껍질(로스팅 시에는 떨어져 나감)이 붙어 있습니다. 커피 종자embryo (배유와 배아)는 이들의 맨 안쪽에 위치합니다. 배유에는 종자가 발아해 성장하는 데 필요한 탄수화물과 단백질, 지질 등이 함유돼 있습니다.

위도상 열대지역에 대한 정의는, 적도를 중심으로 북회귀선(북위 23도 26부 22초)과 남회귀선(23도 26부 22초)까지 지구 둘레 지역입니다. 열대는 커피 재배지역으로서 커피벨트라고 불리기도 합니다. 고온다습한 지역이 많고 식물의 분화발육이 왕성해 벼과작물(벼, 사탕수수), 콩과작물, 구근작물(카사바, 고구마), 섬유작물(면, 대마), 유지작물(야자, 카카오, 대두), 고무, 향신작물(후추, 강황), 방향유를 함유한 작물(재스민, 바닐라) 등이 두루 재배됩니다.

그 안에서 커피가 재배되고 있지만, 열대라고 아무 데서나 자라는 것은 아닙니다. 특히 아라비카종(PART 3 품종 참조)은 재배환경이 까다롭습니다.

커피 재배는 중미 국가들, 콜롬비아, 탄자니아, 케냐 등 화산의 산기슭(고도 800~2,000m), 에티오피아 고원, 예멘 같은 산악지대, 연평균기온이 22℃ 전후로 서리가 없는 지대에서 적합합니다. 기온이 온난한 브라질 평원(고도 800~1,100m 전후)도 대표적인 커피 재배지입니다.

커피체리

커피의 재배 조건

재배조건	환경
일조량	일조량이 많은 것이 좋지만, 기온이 30℃를 넘으면 광합성 능력이 저하되므로, 그늘을 만들어주는 나무를 심기도 한다
기온	연평균기온 22℃ 정도의 비교적 선선한 고지대에서 잘 자란다고 알려져 있으며(최저기온 15℃ 이하, 최고기온 30℃ 이상이 되지 않는 곳), 귤 등과 같이 토양보다 기온에 의한 영향을 많이 받는다.
강우	최저 1,200~2,000mm의 강수량이 필요하다.

커피 나무의 특징

	내용
번식	주로 열매의 종자에서 발아해 새로운 싹을 틔운다. 파치먼트(수분치 15~20%정도)를 묘판Nursery Bed 또는 포트에 심어서 떡잎까지 자라게 한다. 오키나와에서 발아 실험을 했는데 70%가량 발아했다.
나무 키	아라비카종은 4~6m 까지 자라므로 2m 정도로 가지치기를 한다. 왜소하게 변이시킨 품종도 있다.
개화	대부분 심은 후 3년 이상 지나면 흰 꽃이 피지만, 꽃의 수명은 3~4일 정도다. 브라질처럼 우기와 건기가 명확하게 나뉘는 곳은 일제히 개화하며, 수마트라섬처럼 비가 불규칙적으로 내리는 곳에서는 피는 시기가 일정하지 않다.
결실	대부분 뿌리내리기 시작하고 3년 후 수확이 가능하다. 개화하고 6~7개월 후에 열매가 맺힌다.
과일	고도 2,000m 지역에서는 수확까지 4~5년 걸리기도 한다. 녹색에서 노란색으로 변한 후 빨갛게 되다가 검붉게(심홍) 완숙된다. 노란색으로 완숙하는 품종도 있다.
종자	과육 안에는 반원형 종자가 서로 마주 보며 들어있지만Flat Bean, 전체 중 5% 정도는 가지 끝부분에 둥글게 말린 종자가 한 개 들어있다Peaberry(수정 후 발육정지 및 수정 실패에 의한 것).
그늘나무	강한 직사광선을 싫어하기 때문에, 그늘을 만드는 나무로 콩과의 키 큰 나무를 심어둔다. 한낮의 온도 상승을 억제하고 야간 기온 저하를 막아 일교차를 줄여준다. 빛의 75% 정도를 통과시키며, 균일한 그늘을 만들어주는 것이 이상적이다. 토양 기온을 냉랭하게 유지해주며, 낙엽은 비료가 된다.
자가수분	같은 나무에 핀 꽃의 꽃가루가 다른 꽃에 수정되는 것을 자가수분, 다른 나무의 꽃가루가 붙어 수정되는 것을 타가수분이라고 한다. 아라비카종의 경우 자가수분이 92% 정도이고, 타가수분은 8%에 불과하다. 카네포라종은 자가수분을 하지 않아서 나비나 벌, 바람을 통한 매개체에 의해 수분하게 된다.

야마구치 선·하타나카 도모코, 《커피 생산의 과학》 식품공업, 2000

커피 재배의 이모저모

묘상

커피 재배를 위해 농가와 농원이 체리를 수확하여 묘상을 만듭니다.

정식

생산지에 따라 달라지지만, 묘목이 20cm 전후로 성장하면, 본 밭에 정식定植합니다.

개화

아라비카종은 대부분 자가수분합니다.

결실

대부분은 빨갛게 익어가지만, 노랗게 완숙되는 품종도 있습니다.

농원

각 생산지에 따라 농원의 규모는 다릅니다.

그늘나무

오후에 흐려지는 장소에서는 그늘나무(셰이드트리)가 필요 없습니다.

chapter 2
테루아라는 개념

테루아terroir는 주로 프랑스의 부르고뉴산 와인에 사용되던 말로 '생산지의 지리, 지세, 토양, 기후(일조량, 기온 등) 차이가 특별한 풍미를 만들어 낸다'는 개념입니다.

커피 재배에 있어 테루아와 품종은 중요한 개념으로, 이들의 적합성이 생산지의 독특한 풍미를 만들어내는 중요 요인이라고 여겨집니다. 좋은 재배환경에 적절한 품종을 심어 정성스럽게 정제·건조할 경우 개성적인 풍미의 훌륭한 커피가 만들어진다는 사실은 최근 20년의 커피 연구를 통해 확인되었습니다. 테루아의 개념이 없다면, 커피를 맛보는 즐거움도 줄어들 것입니다.

많은 커피 생산국(브라질을 제외)의 경우, 약산성(pH5.2~6.2) 화산성토양 Andosol(화산재에서 유래한 광물성)이 많습니다. 화산성토양은 높은 보수성과 투수성을 지니는 것이 특징입니다. 또 한 가

토양
과테말라의 비옥한 화산재 토양

비료
유기비료를 만들고 있는 농원

지, 토양이 유기물과 부식물(동물성 사체가 분해된 것)을 많이 함유해서, 콩의 지질 등에 영향을 준다고 알려져 있습니다.

그러나 실제로 세계의 산지를 직접 걸으며 둘러보면 마른 나무가 많고, 시비가 필요하다는 것을 알 수 있습니다. 소농가에서는 체리 과육을 벗겨낸 후 계분 등을 섞어 유기비료를 만들고, 하와이 코나 등에서는 대량의 비료를 살포합니다. 직사광선이 닿는 지역일 경우 질소가 부족해지는데, 콩과 그늘나무의 낙엽이 부족한 질소를 보충해 줍니다.

화산성토양은 얼핏 비옥해 보이지만 서리가 내리기 쉽고, 고도가 낮을 경우 영양분 없는 토양으로 풍화될 가능성도 높습니다. 또 수확 후에는 밭(농원)에서 질소, 칼륨, 인산, 석회 등이 부족해지므로 비료를 보충하지 않은 채 커피를 재배하면 생산성이 떨어집니다. 안정된 생산을 위해 비료는 매우 중요한 요소입니다.

가령 브라질의 경우, 파라나주와 상파울루주의 적자색 테라로사는 좋은 토양이지만, 세라도 지방의 적토는 pH4.5 가량인 산성이므로 지속 가능한 농업을

커피 벨트

아프리카 · 중동   아시아 · 오세아니아   중남미

위해서는 유기비료*와 석회를 뿌려 산성 토양**을 개량하는 작업이 필요했습니다.

테루아라는 관점에서 보면, 커피 산지의 토양이 매우 중요하되 기온과 고도에 따른 낮과 밤의 일교차, 강우량 등도 필수 요소입니다.

과테말라

콜롬비아

코스타리카

예멘

브라질

자메이카

chapter 3

고도가 높은 장소에서
수확한 콩이 풍미가 좋다

고도와 풍미의 관계로 볼 때, 동일 위도일 경우 고도가 높은 지역이 낮밤의 일교차가 크고 나무가 천천히 자랍니다. 이로 인해 체리의 총산량, 지질량, 자당량이 증가해 종자에 영향을 미치고 복합적인 풍미를 만들어 내는 듯합니다. 특히 아라비카종이 카네포라종보다 고도가 높은 지역에서 재배하기 적합합니다.

기온과 고도의 관계를 살펴보면, 고도가 100m 높아질 때마다 기온은 0.6℃ 낮아집니다. 가령 적도 부근 수마트라섬의 저지대가 33℃라면, 해발 1,500m 고지대는 9℃ 정도 낮은 24℃이므로 커피 재배에 적합한 지역이 됩니다. 한편 적도에서 멀어지면 멀어질수록 추워지기 때문에 같은 기온 조건인 저지대에서도 재배가 가능해집니다.

예를 들어 북위 14도 30부인 과테말라 안티구아에서는 고도 1,000m 이상에서 커피를 재배하지만, 북위 19도 30부인 하와이 코나에서는 고도 600m 정도가 커피 재배 적합지입니다.

최근 10년 사이 기후변화가 심해지면서 고도가 높은 곳으로 재배지가 이동하는 듯합니다. 과테말라 안티구아, 콜롬비아 나리뇨, 코스타리카 따라주, 파나마 보케테 지역 등은 고도 2,000m에서도 커피를 재배하고 있습니다.

위도와 고도의 관계

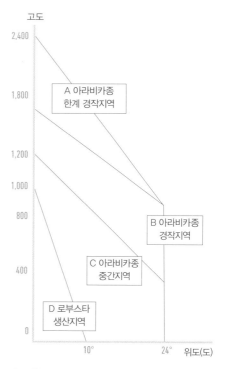

Jean Nicolas Wintgens/Coffee : Growing, Processing, Sustainable, Production/WILEY=VCH

아래 도표는 콜롬비아산 커피의 COE* 입상 콩의 점수와 고도와의 관계를 표시한 것으로, FNCFederation Nacional de Cafeteros de Colombia(콜롬비아커피생산자연합회)가 조사한 내용을 제가 그래프로 그렸습니다. 카투라Caturra는 재래계 품종이며, 카스티조Castillo는 내병성이 있는 품종입니다. 두 품종 모두 고도가 높은 쪽이 고득점을 받는 경향을 보였습니다. 또 카투라 품종은 해발고도 1,800m 이상에서 높은 평가를 받았습니다.

품종 상세에 대해서는 PART 3에서 설명합니다.

이 데이터를 볼 때, 고도 1,000m 이상에서 고품질 커피를 수확할 가능성이 높은 것으로 보입니다. 특히 카스티조는 고도 1,400m 지역이 풍미가 좋고, 카투라는 1,800m 이상이 적응성이 높으며 풍미가 좋은 것으로 밝혀졌습니다.

*COE(Cup of Excellence)는 생산자가 출품한 생두를 소비국의 수입상사 또는 로스터 회사가 낙찰하는 구조의 인터넷옥션으로, 1999년 브라질에서 시작돼 현재도 실시하고 있습니다.

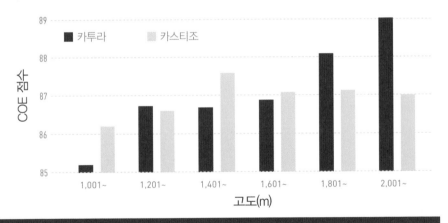

콜롬비아산 품종과 고도의 관계
(2005 년 ~2015 년 평균)

콜롬비아의 고도 1,600m 이상 산지

chapter 4
어떻게 수확하는 걸까

ㅂ 라질을 제외한 대부분의 생산국에서는 빨갛게 잘 익은 체리를 한 알씩 땁니다. 생두 품질을 위해 매우 중요한 공정입니다.

브라질에서는 손으로 수확하는 곳은 드물고, 특히 세라도 지역 등 대농장은 수확량이 많아 대형 기계로 수확합니다. 중규모 농원은 땅에 시트를 깐 뒤 손으로 이파리까지 훑어서 따는 스트리피킹strippicking이라는 방법으로 수확합니다.

브라질에서는 우기와 건기가 명확하게 구분되기 때문에 일제히 개화하지만, 고도 1,100m 전후 경사면에 있는 농원일 경우 고도가 낮은 곳부터 익어갑니다. 따라서 완숙한 것부터 순서대로 수확해 나갑니다. 빨갛게 익은 체리만 수확하는 것은, 녹색 미숙두에서는 떫은맛이 남기 때문입니다. 경사면 상부 선선한 곳에서 재배하는 체리는 완숙하기까지 시간이 걸리기 때문에 총산량, 지질량, 자당량이 증가합니다.

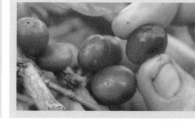

콜롬비아 농원의 수확

브라질 농원의 기계 수확(좌)과 스트리피킹 수확 (중.우)

2 유통에서 커피를 배운다

chapter1
일본은 브라질과 베트남 수입이 많다

커피를 생산하는 ICO*International Coffee Organization(국제커피기구) 회원국은 42개국에 달하며, 세계 생산량의 93%를 이들 국가가 차지합니다(2022년 2월 현재). 산지는 위도에 따라 재배에 적합한 고도, 토양, 기온이 각각 달라집니다. 그 환경조건과 품종이 지닌 특징이 만나 풍미의 차이를 만들어 내는 것입니다.

현재 일본의 생두 수입량은 가격이 저렴한 베트남산 카네포라종과 브라질산 아라비카종이 점점 더 많아지는 추세입니다. 이들은 캔커피 등 공장생산형 제품, 인스턴트커피와 저가 커피에 주로 사용됩니다.

* ICO(ico.org)

2021년 일본의 생두 수입량
(1bag/60kg, bag 수로 환산)

브라질	2.437.381	탄자니아	225.394	우간다	23.685
베트남	1.672.075	온두라스	169.362	케냐	23.373
콜롬비아	794.496	라오스	61.557	코스타리카	21.722
인도네시아	414.706	엘살바도르	45.241	자메이카	3.348
과테말라	331.879	페루	42.014	동티모르	3.278
에티오피아	327.948	니카라과	28.880	파나마	2.352

전일본커피협회 (ajca.or.jp)

* 빨간색은 카네포라종 생산량이 많은 국가, 브라질은 생산량의 약 30%를 차지하고 있습니다.

chapter 2
현재 커피 생산량과 소비량

기후변화에 따라 2050년에는 커피 생산량이 대폭 감소할 것으로 예측됩니다. 또 생산국 경제성장에 따른 일손부족, 생산가격 상승, 영세소농가에 의한 생산구조, 카네포라종 생산증가 등 아라비카종 생산 저해요인도 늘고 있습니다. 한편 소비국을 보면 아시아권의 한국과 대만, 생산국이기도 한 중국, 필리핀, 인도네시아, 태국, 미얀마, 라오스 등의 국내 소비가 증가하면서 가까운 미래에 수요가 공급을 초과할 것으로 보입니다. 또 카네포라종과 저렴한 브라질산에 의한 디스카운트 시장이 형성되면서 커피 품질저하가 우려됩니다.

수확량 증가를 위해 전체 생산량의 40%를 차지하는 카네포라종* 증산, 수확량이 많은 카티모르 품종**으로 교체하는 것 등이 검토되지만, 커피 풍미 저하를 피할 수는 없을 듯합니다. 따라서 WCR***에서는 내병성을 지닌 동시에 풍미가 좋은 품종개발을 추진하고 있지만, 생산감소를 커버할 수 있을지 현 단계에서는 단언하기 어렵습니다.

커피산업 유지 및 발전을 위해서는, (1) 농가 수입증가로 이어지는 고품질 품종

재배, (2) 커피 시장관계자 및 소비자의 품질과 풍미 이해, (3) 스페셜티커피와 커머셜커피(85쪽 참조)의 유통 밸런스 등이 필요합니다. 지속 가능한 커피산업을 위해서라도 품질에 따른 적정한 가격시장을 확립하는 데 노력해야 할 시점입니다.

* 카네포라종, 카티모르 품종에 대해서는 PART 4 참조.
** 기후변화에 따른 생산감소와 관련, WCR(World Coffee Research)은 기후학자의 연구결과를 토대로 서둘러 대책을 마련해야 한다고 보고합니다.
*** World Coffee Research | Ensuring the future of coffee.

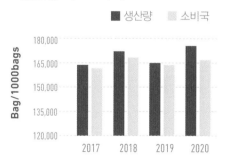

생산량과 소비국

생산량은 2017년 1억 6,369만 3,000bag에서 2020년 1억 7,537만 4,000bag으로 증가했지만, 소비량 역시 2017-2018crop 1억 6,137만 7,000bag에서 2020-2021crop 1억 6,634만 6,000bag으로 증가. 또 생산량은 기후변화, 녹병 등에 따라 해마다 증감이 생깁니다. 도표에는 각 소비국의 재고는 포함되지 않았습니다.

생산국부터 일본까지,
생두의 흐름

생산국에서 수확해 1차 정제한 체리는 드라이체리 또는 파치먼트 상태로 정제업자Dry Mill에게 보내져 탈각·선별된 후 생두(그린빈) 상태로 소비국에 수송됩니다.

포장재 대부분은 마대(브라질과 동아프리카 60kg, 중미 69kg, 하와이코나45kg)지만, SP의 경우 품질유지를 위해 그레인프로GrainPro(마대 안쪽에 넣는 곡물용 비닐)나 진공팩Vacuum pack(10~35kg 정도)을 사용하기도 합니다.

생두는 항구에서 컨테이너에 적재된 후 수출됩니다. 보통 드라이 컨테이너 dry container(상온)에 적재하지만, 컨테이너 내 온도상승 우려 때문에 SP의 경우 주로 리퍼 컨테이너Reefer container(정온 15도 정도)를 사용합니다. 저 역시 2004 년부터 가능한 한 리퍼 컨테이너를 이용했습니다. 또 고도가 높은 생산지와 항구 간 기온 차가 있으므로, 선박 출항

마대(맨 위), 그레인프로(가운데), 진공팩(아래)

시간을 확인한 뒤 컨테이너에 적재하는 등 수송에 세심한 주의를 기울였습니다.

생산국의 유통

생산자(소농가)	소농가가 전체 생산량의 70~80%를 차지한다. 2~3ha 전후의 농지를 소유한 영세농가가 많고, 체리 혹은 파치먼트를 농협이나 중매인 등에게 판매한다.
생산자(농원)	전체 생산량의 20~30%를 차지한다. 생산국에 따라 농원 규모는 달라진다. 대부분 체리 또는 파치먼트를 정제업자에게 가져가 수출회사 경로로 소비국에 판매한다.
정제업자	드라이 밀이라고도 불리며 파치먼트와 드라이체리의 탈각, 선별, 포장까지 처리한다. 선별에는 돌과 불순물 제거, 비중 선별, 스크린 선별, 컬러광학 선별, 수작업 선별 등이 있으며, 최종적으로 계량하여 포장한다.
수출업자	주로 수입회사나 로스팅 회사와 교섭해 매매계약을 진행하고, 수출 수배를 진행한다. 계약은 타입 샘플, 출하 전 커피 샘플로 진행한다.

* 각 생산국에 따라 생두 유통 과정은 다양하며 일률적이지 않습니다.

컨테이너

항만창고

일본 내에서의 생두 유통

일본의 대다수 수입상사는 입항 후 상온창고에 보관하지만, SP의 경우 정온창고(15℃)에 보관하는 사례가 늘고 있습니다. 상온창고의 경우 장마나 여름의 습도, 외부기온의 영향을 받기 때문에 장기간 품질유지가 필요한 경우 정온창고를 사용하는 것이 효과적입니다.

일본 내 생두의 유통

수입상사	생두를 수입해 도매상, 대형 로스팅 회사 등에 판매한다.
생두 도매	수입상사에서 생두를 구매해 주로 중소 로스팅 회사, 소형 로스터리에 판매. 2010년 이후에는 SP 등을 직접 수입하는 사례도 늘고 있다.
소규모 전문상사	생두를 전문적으로 수입해 소형 로스터리에 판매한다. 2010년 이후 로스터리의 소량 요구에 대응해 증가하고 있다.
항만창고	생두를 상온·정온창고에서 보관하며, 출하업무를 담당한다.
대형 로스팅 회사	커피숍, 마트, 편의점, 가정 등에 원두를 판매. 또한 RTD 상품Ready to Drink(캔, 페트병 등)의 제조사를 위해 원두를 판매한다.
중소 로스팅 회사	주로 카페를 대상으로 업무용 원두를 납품. 200~300개 사 정도로 추정되지만 정확한 데이터는 없다.
소형 로스터리	주로 점포에서 생두를 로스팅하여 가정용으로 원두를 판매한다. 매장에서 로스팅 원두를 판매하는 곳은 5,000~6,000개로 추정된다. 증가 추세를 보이고 있지만 정확한 데이터는 없다.

chapter 5

일본 내에서의 원두 유통

일반적으로는 레귤러커피RC는 업무용(카페, 레스토랑, 오피스커피 등), 가정용, 공장생산용(캔커피 등)을 총칭하며 인스턴트커피와 구별됩니다. 2021년 RC의 일본 내 생산량은 26만 7,725톤으로 인스턴트커피 3만 6,000톤에 비해 압도적으로 많습니다.*

RC의 가정용, 업무용, 공장생산용 비중은 대략 1:1:1입니다. 2020년 이후 코로나 팬데믹 기간에는 업무용이 감소하고 가정용이 증가하는 추세를 보였습니다.

일본에서 커피를 마실 수 있는 곳은 매우 많습니다. 킷사텐(6만 7,000개, 2016년 전후), 카페(킷사텐과 구분이 애매해서 점포 수는 정확히 알 수 없음), 커피숍 체인점(6,500개 전후), 편의점(6만 3,000개 전후), 페밀리 레스토랑(5,300개 전후), 햄버거 체인점(6,300개), 호텔(9,800개 전후, 료칸 등은 제외), 오피스커피(불명) 등이 있지요. 커피는 다양한 장소에서 음용됩니다. 킷사텐은 정점을 이루던 1981년 15만 4,630개 점포에서 2016년에 6만 7,198개로 대폭 감소했지만, 편의점 커피가 그 감소분을 커버하고 있습니다.

* 전일본커피협회데이터 총무성통계국[사업소통계조사 보고서]

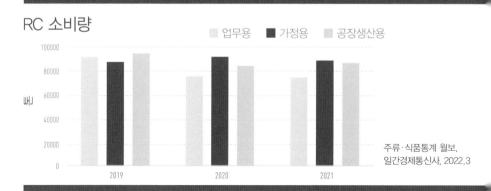

RC 소비량

주류·식품통계 월보, 일간경제통신사, 2022.3

3 스페셜티커피에서 커피를 배운다

chapter1
스페셜티커피는 언제 만들어졌나?

미국에서는 1970년대 이후 대형 로스팅회사 간 가격경쟁으로 인해 품질이 현저하게 떨어지고 1950~1960년대에 비해 소비량이 급감하면서 커피를 안 마시는 분위기가 이어졌습니다.* 이 상황을 바꾸려는 움직임이 시작되면서 1982년 SCAASpecialty Coffee Association of America(미국 스페셜티커피 협회)가 탄생했습니다.

SCAA 발족 당시 사무국장이던 돈 할리는 1978년 프랑스에서 개최된 국제커피회의에서 크누첸 커피 사의 에르나 크누첸Erna Knutsen이 제시한 개념이 SP의 기반이 되었다고 설명합니다. '지리적으로 각기 다른 기후는, 특별하고 유니크한 풍미의 프로파일을 지닌 커피를 만들어낸다'는 것입니다.**

나아가 '이 특별하고 유니크한 풍미를 위해서는 특정 생산지에서 티피카 품종과 부르봉 품종 등을 올바르게 재배·정제·선별하여 수송·관리하고, 최적의 로스팅 프로파일(PART 3)과 신선한 포장 관리를 거쳐 추출과 관능평가를 표준화하는 것이 필요하다'고 덧붙였습니다.

이런 개념은 2000년대 초기 SCAA에도 그대로 이어져 홈페이지의 'What is the SCAA?'***에 '우리의 큰 역할 중 하나는 재배, 로스팅, 추출을 위한 업무 기준을 확립하는 것'이라고 명시하고 있습니다. 2004년 전후부터 SCAA의 생두 그레이딩 시스템이 운용되면서 미국을 중심으로 거대한 SP 활성화 움직임이 일기 시작됐습니다.

현재 SCA 홈페이지에서는 SP가 '품질을 최우선하는 농가, 바이어, 로스터, 바리스타, 소비자의 헌신으로 유지되고 있다'고 정의하면서 커피 품질에 대해 광범위하게, 높은 의식으로 대응하고 있습니다.

* 1970년대 미국은 1950년대 200개 사에 이르던 로스터가 약 20개로 과점화되면서 품질 나쁜 커피가 늘어나고 묽은 커피가 유통됐으며, 1인당 소비량도 감소했습니다.

** The Definition of Specialty Coffee: Don Holly, SCAA(mountaincity.com)

*** What is Specialty Coffee? – Specialty Coffee Association(sca.coffee)

* 히로세 유키오, 마루오 슈죠 외 《커피학입문》, p106, 인간의과학사, 2007

chapter 2
서스테이너블 커피의 탄생

20 00년대 들어 서스테이너빌리티Sustainability(지속가능성)라는 개념이 급속하게 확산하면서 지속가능한 농업으로 재배된 서스테이너블 커피가 생겨났습니다. 생산물의 가치에 걸맞은 적정 가격을 농가에 지불해야 한다는 의식 아래, 주로 3가지 개념으로 커피 시장을 주도해 왔습니다.

오가닉 커피는 화학비료를 전혀 사용하지 않고 무농약 유기농법으로 재배되는 커피를 말하며, 유기JAS인증 등 제도가 있습니다.

페어트레이드 커피는 최저판매가격을 보장하는 방식으로 유통되는 공정무역 커피를 의미하며 FLOFairtrade Labelling Organizations International(국제공정무역인증기관)의 인증마크가 붙어 있습니다.

셰이드트리 커피는 삼림으로 둘러싸인 토지에서 생태계를 보전하고 철새 등 다양한 생명체를 보호하는 방식으로 생산된 커피를 말합니다.

이와 관련해 많은 인증단체가 활동하고 있으며 2000년대 전반에는 레인포레스트 얼라이언스Rainforest Alliance나 우츠 카페UTZ kapeh 등이 일본에서도 활동을 시작했습니다(두 단체는 2018년에 합병됨).

스페셜티커피라는 개념은 SCA에 의한 생두 품질 기준 및 서스테이너블 커피라는 큰 틀에서 확산되고 있다고 말할 수 있습니다. 다만 서스테이너블 커피로는 SCA에 의한 SP 기준을 충족한 것뿐 아니라, CO도 많이 유통되고 있습니다.

동티모르의 페어트레이드 활동(좌, 우)

chapter 3
일본에서 SP는 언제 만들어졌나?

1999년에 제가 《커피 테이스팅》
(시바타 쇼텐)을 출간했을 무렵
에는 일본에서 SP라는 말이 거의 사용
되지 않았습니다. 2001년 마이애미에
서 개최된 SCAA의 전시회 무렵부터 일
본 참가자도 증가하기 시작해 2003년
SCAJSpecialty Coffee Association of Japan(일
본스페셜티커피협회)가 발족했습니다.
2004년 저는 SCAA의 애틀랜타 전시회
에서 '일본 스페셜티커피 시장'에 대해
강연을 했습니다. 이 무렵이 일본 SP의
여명기라고 할 수 있을 듯합니다.

품질검사

SCAJ 전시회

SCAJ의 활동으로서 제1회 전시회를
열고 SP에 대한 계몽을 시작했습니다.
해외 생산자, 국내 에스프레소 머신 제
조사, 로스터 제조사, 로스터리 회사 등
이 활발히 참여하며 큰 성과를 이루었
지요. 2022년부터는 일반 소비자에게도
문을 넓혀 전시회 입장이 자유로워졌습
니다.

그 외에 SCAJ는 바리스타챔피언십을
비롯해 라테아트, 핸드드립, 로스팅 관

련 대회를 운영하며 테크니컬위원회, 서
스테이너블위원회, 로스트·마스터즈위
원회 등의 활동과 세미나를 겸해 적극적
인 활동을 펼치고 있습니다. 또한 커피
마이스터(커피에 대해 깊은 지식과 기본기술
을 갖춘 프로), Q그레이더 양성에도 주력
하고 있습니다.

82

커핑 트레이닝

2005년 이후 생두 품질에 대한 관심이 나날이 높아지며 개정된 'SCAA 커핑 폼'이 사용되기 시작했고, 일본에서도 SP에 대한 관심이 서서히 높아졌습니다. SCAA는 이 평가방법을 널리 알리기 위해 SCAA 커핑저지Cupping Judge를 양성했는데, 저 역시 2005년 이 자격을 취득했습니다(자격 갱신을 하지 않아서 현재는 가지고 있지 않습니다).

그 후 커핑저지 자격은 CQI*Coffee Quality Institute가 운영하는 'Licensed Q Arabica Grader'로 이어지고 있으며, 현재 SCAJ가 CQI의 협력기관으로서 이 자격 양성강좌를 운영 중입니다. SCAJ도 독자 커핑 폼을 작성해 커핑 세미나를 빈번하게 개최하고 있습니다.

SCAJ는 발족 당시부터 SP를 아래와 같이 정의하고 있습니다. '소비자(커피를 마시는 사람)의 손에 들린 컵 안의 커피 액체 풍미가 뛰어나게 맛있으며, 소비자가 맛있다고 평가하고 만족할 만한 커피일 것. (…) 컵 안의 풍미가 뛰어나게 맛이 있으려면, 커피콩(종자)부터 컵 안에 이르기까지 모든 단계에서 일관하여 체계적으로 공정·품질관리가 철저하게 이루어지는 것이 필수적이다.(…)' 자세한 내용은 SCAJ의 HP를 참고하시기 바랍니다. https://scaj.org/

* CQI는 커피 품질 향상, 생산자 생활환경 향상 등에도 힘쓰고 있습니다. Q그레이더는 SCA가 정한 기준과 순서에 따라 커피 평가를 할 수 있는 기능자를 말합니다.

chapter 4
현재 일본에서 유통되는 커피

일본의 생두
유통 비율

아라비카 SP

카네포라 35%

아라비카 CO 25%

10%

브라질 30%

현재 일본에서 유통되는 커피는 대략 아라비카종 SP*, 아라비카종 CO**, 세계 생산량의 35% 정도를 차지하는 브라질산 아라비카종, 세계 생산량의 40%를 차지하는 카네포라종(로부스타)으로 구분됩니다.

오른쪽 표는 매우 대략적인 비율이지만, 카네포라종과 가격이 저렴한 브라질산, 그 외 커머셜커피가 대부분을 차지하는 것을 알 수 있습니다.

이러한 상황에서 2022년 10월 이후 브라질이 서리 피해를 입고, 생산국의 인건비와 비룟값이 폭등하는 등 커피가격 상승요인이 겹치고 있습니다. 또한 CO 생두의 품질이 낮아지며 커피의 풍미 자체가 위협받는 상황입니다.

제가 커피업계에 몸담은 지난 30년 사이 SP 시장은 꾸준히 형성되고 있지만, 전반적인 커피 품질 향상이 과제로 부상하고 있습니다. 이와 함께 커피 수요는 세계적으로 확대되는 추세이므로 생두 가격은 점차 상승할 것으로 보입니다. 소비국은 SP, CO 둘 다 품질에

걸맞은 적절한 가격으로 커피를 구입해, 생산자를 지원할 필요가 있습니다. 디스카운트에 의한 가격경쟁으로부터 탈피해 SP와 CO가 적절한 가격으로 공존하는 시장을 구축하는 것이 중요합니다. 이를 위해 커피업계 관계자와 소비자는 좋은 품질의 커피 풍미를 이해하는 것이 무엇보다 선행돼야 합니다.

---

* SP 유통량의 경우, SCAJ에 의한 회원 직접설문으로 조사한 내용을 바탕으로 합니다. 다만, SP의 기준에 대해서는 각 사의 판단에 맡기고 있으므로 엄밀한 비율을 조사한 것이라고 말할 수 없습니다. 개인적으로 볼 때 SP의 유통비율은 도표보다 적을 것으로 예측합니다.

** SP에 대비되는 말로, 이 책에서는 '커머셜커피'를 사용합니다. 코모디티커피(Commodity Coffee)와 거의 같은 의미입니다(일반적으로 시장에 유통되는 어떤 상품을 구입해도 거의 차이가 나지 않는 상태를 '코모디티화'라고 하며, 소비자가 가격을 중시해 상품을 선택하는 경향이 강해집니다).

chapter 5

SP와 CO는 무엇이 다른가?

SP란 각 생산국 수출등급의 상위를 차지하는 커피로 생산이력이 명확하므로 (1) 결점 없이, (2) 산지가 만들어 내는 특징적인 풍미를 지닌 커피라고 할 수 있습니다.

이를 위해서는 재배환경뿐 아니라 재배방법, 정제, 건조, 선별공정이 좋아야 하고 포장재, 수송방법, 보관방법 등이 적절하며 로스팅과 추출이 좋아야 합니다.

2000년 이후 단일농장의 콩이 유통되기 시작하면서 2010년대부터는 '누가, 언제, 어디에서, 어떻게 만든 것인가?'처럼 세세한 생산이력Traceability을 파악할 수 있는 것들이 많아졌습니다. 따라서 이들 커피에 대해서는 매년 품질, 풍미의 차이를 비교하는 것이 가능

해지고 있습니다.

또한 2020년대에는 SP 품질*의 3극화 방향이 뚜렷해지고 있으며, CO 역시 수출등급 상위(통상 유통품 중 높은 그레이드)와 하위(통상 유통품) 등으로 품질이 2극화하는 경향을 보이고 있습니다. 따라서 SP와 CO의 사이에서 생두 가격 및 원두 가격 차가 커지는 추세입니다.

가령 소매시장에서 원두는 하급품 200엔/100g, 중급품 500엔/100g, 고급품 1,000~1,500엔/100g으로 가격 차가 매우 큽니다. 또 게이샤 품종처럼 특수한 콩일 경우 3,000엔/100g 이상인 것도 더러 있습니다.

* SCA 방식에서 SP 평가는 80~84점 콩이 대부분을 차지하는데, 85~89점, 더러 90점 이상인 콩도 보입니다.

항목	SP	CO
재배지	토양, 고도 등 재배환경이 좋음	고도가 낮은 지역이 많음
규격	생산국의 수출 등급+생산 이력 등	각 생산국의 수출 등급
정제	정제, 건조공정에서 꼼꼼한 작업	양산되는 사례가 많고 저품질
품질	결점두 혼입이 적음	결점두 혼입이 비교적 많음
생산로트	수세 가공장, 농원 단위로 소 로트	넓은 지역, 섞인 커피
풍미	풍미에 개성이 있음	평균적인 풍미로 개성은 약함
생산가격	독자적인 가격 형성	선물시장과 연동
유통명 사례	에티오피아 예가체프 G1	에티오피아

chapter 6

SP와 CO의 이화학적 수치 차이

곤능평가뿐만 아니라 이화학적 분석 수치 측면에서도 SP와 CO의 차이를 볼 수가 있습니다. 지금까지 저는 원두의 (1) pH, (2) 적정산도(총산량), (3) 지질량, (4) 산가酸價, (5) 자당량 등을 분석해 왔습니다. 그 결과 SP와 CO 사이에는 명확한 차이가 있었습니다.

아래 표는 SP로서 유통되는 25개 샘플, CO로서 유통되는 25개 샘플을 시장에서 조달해 분석한 결과입니다. SP와 CO 간 이화학적 수치에는 분명한 유의차*(p⟨0.01)가 있습니다. 또 이러한 수치와 SCA의 관능평가 사이에 상관성**이

커피 샘플 추출

SP 와 CO 의 이화학적 수치 차 (2016–2017crop)

	SP 수치폭	S P 평균	CO 수치폭	CO 평균	풍미 영향
pH	4.73~ 5.07	4.91	4.77 ~5.15	5.00	산미의 강도
적정산도 (ml/g)	5.99~8.47	7.30	4.71~8.37	6.68	산미의 강도 및 질
지질량 (g/100g)	14.9~18.4	16.2	12.9~17.9	15.8	바디 및 복합적임
산가	1.61~4.42	2.58	1.96~8.15	4.28	맛의 깨끗함
자당량 (g/100g)	6.60~8.00	7.68	5,60~7.50	6.30	단맛
SCA 점수 (100점 만점)	80.00~87.00	83.50	74.00~79.80	74.00	

보이므로, 이화학적 수치가 관능평가를 보완할 수 있다고 여겨집니다.

pH는 수치가 작아질수록 산미가 강하게 느껴집니다. 적정산도(ml/100g), 지질량(g/100g), 자당량(g/100g)은 수치가 큰 쪽이 성분량이 많으므로, 풍미를 명확하게 확인할 수 있습니다. 산가는 수치가 작은 쪽이 지질의 열화가 적고 풍미가 깨끗합니다. 이러한 성분치에서 SP는 CO보다 풍미가 훌륭하다고 말할 수 있습니다.

아래 표는 과테말라산 SP와 CO의 SHB(수출등급 상위)와 EPW(수출등급 하위)의 적정산도(총산량), 지질량, 자당량을 비교한 것입니다. 그 결과 전부 SP가 CO보다 많은 것을 알 수 있습니다.

이 샘플의 경우, SP의 풍미는 CO 풍미에 비해 '밝은 감귤계 과일의 산을 느낄 수가 있으며, 분명한 바디감이 있고, 단맛의 여운이 있는 좋은 커피'라고 추정할 수 있습니다.

* 통계상, 우연과 오차로 인한 차이가 아님을 의미입니다. P<0.01은 1% 미만의 확률로 우연성이 없다는 것을 의미합니다.

** '상관성'이란 한쪽이 변화하면 다른 한쪽도 변화하며 상호 관계를 보여준다는 의미. r=로 표현하고, r=0.6 이상이면 상관이 있으며, 0.8이라면 강한 상관이 있다고 해석합니다.

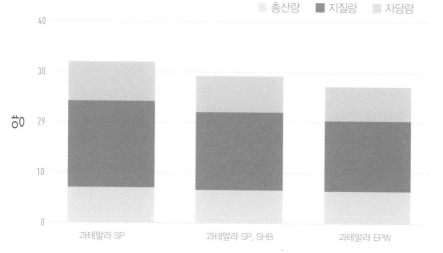

SP 와 CO 의 이화학적 수치의 차이 (2019–2020crop)

총산량은 ml/100g, 지질량 및 자당량은 g/100g
SHB(수출등급 상위), EPW(수출등급 하위)

4 이화학적 수치로 커피를 본다

chapter1
커피 성분은 복잡하다

커피는 다른 기호품 음료에 비해서도 많은 화학성분을 함유하고, 그것들이 복합적으로 결합해 산미나 쓴맛, 단맛 등을 만들어 냅니다. 그러므로 생두 및 원두 성분이 풍미에 어느 정도 영향을 주는지 알아두는 것이 중요합니다. 오른쪽 페이지의 표에는 로스팅 과정에서 성분이 크게 변화하는 부분을 빨간색으로 표시했습니다.

로스팅에 의해 수분과 다당류(탄수화물) 등은 현저히 감소합니다. 유기산(산미의 강도 및 질)과 지질량(바디 및 복합적 미감)은 풍미에 크나큰 영향을 미칩니다. 또한 자당(단맛)은 캐러멜화한 후 아미노산과 결합해 메일라드반응(갈색반응)에 의해 단향 성분인 메일라드화합물(멜라노이딘, 갈색색소)을 생성합니다. 이 메일라드화합물은 쓴맛과 바디에도 관여하는 것으로 보이지만, 정확한 내용은 알 수 없습니다.

커피는 로스팅이라는 과정을 거치며 성분이 변화하고 그로 인해 복합적인 풍미를 만들어냅니다. 한마디로 하면 '커피의 풍미는 다양한 성분의 복합체로, 복잡하다'고 할 수 있습니다. 그 복합적인 특성이 기분 좋고 편안한 맛으로 이어진다는 의미입니다.

800종*에 이른다는 향기 성분도 마찬가지입니다. 여러 가지 성분들이 얽혀 커피 고유의 향기를 만들어내기 때문에 한두 가지로 성분을 특정하기는 매우 어렵고, 최종적으로 '복잡한 향기가 기분 좋게 어우러진다'라고 표현할 뿐입니다.

성분 분석

분석 계기

* Ivon Flament, Coffee Flavor Chemistry p77, Wiley, 2002

성분	생두	원두	특징
수분	**8.0~12%**	**2.0%~3.0%**	로스팅으로 대폭 감소한다
회분(미네랄)	3.0~4.0	3.0~4.0	칼륨이 많다
지질	12~19	14~19	고도 등으로 차이가 생긴다
단백질	10~12	11~14	로스팅해도 큰 변화 없다
아미노산	2.0	0.2	로스팅으로 감소하며 메일라드화합물로 변화
유기산	~2.0	1.8~3.0	구연산이 많다
자당(소당류)	6.0~8.0	0.2	로스팅으로 감소하며 단향 성분 등으로 변화
다당류	**50~55**	**24~39**	전분, 식물섬유 등
카페인	1.0~2.0	~1.0	쓴맛의 10% 정도 영향을 준다
클로로겐산류	5.0~8.0	1.2~2.3	떫은맛, 쓴맛에 관여한다
트리고넬린	1.0~1.2	0.5~1.0	로스팅으로 감소한다
멜라노이딘	**0**	**16~17**	갈색 색소로, 쓴맛에 영향을 미친다

* R.J.Clarke&R.Macrae, Coffee Volume1 CHEMISTRY를 참고해, 저의 경험치를 가미하여 작성한 것입니다.

chapter 2
pH는 산의 강도를 알 수 있는
지표가 된다

커 피 풍미는 다양한 성분이 결합해 만들어지지만, 그중에서도 유기산은 매우 중요합니다. 커피의 pH*는 미디엄로스트Medium Roast(중배전)일 경우 pH5.0 전후로 약산성입니다만, 프렌치로스트에서는 pH5.6가량으로 산미가 약해집니다. 또 주스 및 와인은 pH3~4의 산성, 캔커피 및 우유는 pH6~7, 수돗물은 pH7.0 전후로 이보다 수치가 커지면 알칼리성이 됩니다. 아래 표는 2020년 수확한 과테말라 각지의 다양한 품종을 샘플링한 것입니다.

미디엄로스트 콩의 추출액에 함유된 평균적인 총산량은 7.00ml/g 정도입니다. 따라서 pH가 낮고 총산량이 많을수록, 산미가 강하며 복합적인 맛을 느낄 수 있습니다. 즉 아래 표의 품종은 pH가 낮아서 산이 풍부하다고 추정할 수 있습니다.

과테말라산의 pH와 총산량(2020-2021Crop)

품종	영어 표기	pH	총산량	풍미
게이샤	Geisha	4.83	8.61	산미 강하고, 화사함
파카마라	Pacamara	4.83	9.19	화사하며 산미에 특징이 있음
티피카	Typica	4.94	7.69	산뜻한 감귤계의 산미
부르봉	Bourbon	4.94	8.03	명확한 감귤계의 산미
카투라	Caturra	4.96	7.54	산미 조금 약함

* pH는 용액 중 수소이온농도(H)의 양을 표시합니다. 용액에 수소이온(H+)이 많으면 산성, 적으면 염기성(알칼리성)입니다. 따라서 pH를 측정하면 산성, 중성, 알칼리성 정도를 알 수 있습니다. pH는 0~14까지 숫자로 구분되며 7이 중성, 7보다 작을수록 산성이 강해지고, 7보다 커질수록 알칼리성이 강해집니다. 커피는 로스팅이 강해질수록 pH가 커지고 산이 약해집니다. 미디엄은 pH4.8~5.2, 시티는 pH5.2~5.4, 프렌치는 ph5.6 정도입니다. 다만 pH와 적정산도 사이에 상관성이 있다고 단언할 수는 없습니다.

chapter 3

유기산과 풍미의 관계를 이해한다

우월한 품질의 커피에서는 '산뜻한 산미' '화사한 산미' 등이 느껴집니다. 샘플의 과테말라 SP는 고도 1,800m, SHB는 고도 1,400m, EPW는 고도 800m에서 수확한 콩입니다. 대부분 고도가 높고 낮밤의 온도 차가 큰 지역에서 수확한 콩이 pH가 낮아 총산량이 많아서 산미의 강도와 복합적인 맛을 느낄 수 있습니다.

이 샘플의 경우 관능평가(SCA 방식) 점수와 pH의 사이에는 r=−0.9162로 높은 부의 상관을 보이며, 총산량과 사이에는 r=0.9617로 높은 정의 상관이 보입니다. 따라서 이화학적인 수치가 관능평가 점수를 보완한다고 할 수 있습니다.

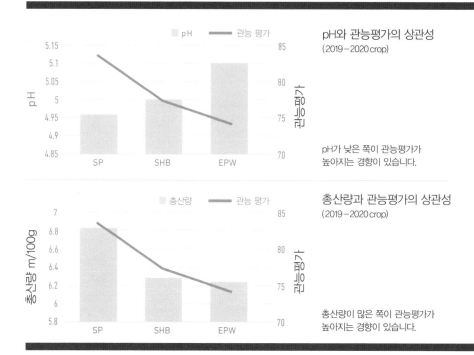

pH와 관능평가의 상관성
(2019−2020 crop)

pH가 낮은 쪽이 관능평가가 높아지는 경향이 있습니다.

총산량과 관능평가의 상관성
(2019−2020 crop)

총산량이 많은 쪽이 관능평가가 높아지는 경향이 있습니다.

chapter 4

유기산과 로스팅 정도의
관계를 이해한다

로스팅이 강해지면 강해질수록 총 산량은 감소하기 때문에, 로스팅이 약한 미디엄로스팅 쪽이 강한 프렌치 로스팅보다 산미가 강하게 느껴집니다. 산미는 각 생산지의 콩 특징이기도 하지만, 로스팅에 의해서도 영향 받는다는 사실을 알 수 있습니다.

아래 표는 케냐산과 브라질산의 미디엄로스트와 프렌치로스트 간 pH와 총산량(적정산도)을 분석한 결과입니다.

케냐산, 브라질산 둘 다 미디엄로스트 쪽이 프렌치로스트보다 pH가 낮고 총산량이 많아서, 산미를 느끼기 쉬워지는 것이 확인됩니다. 또 케냐산은 브라질산보다 pH가 낮고 총산량이 많으므로, 산미를 강하게 느끼게 된다는 것도 알 수 있습니다.

그러나 커피의 산미는 복잡해서 산이 강하다고 좋기만 한 것은 아니며, 유기산 종류 및 조성이 산미의 질에 영향을 미칩니다. 커피 유기산은 생두에 함유된 구연산, 초산, 포름산, 사과산 등이 있으며, 클로로겐산이 변화하며 생기는 키나산과 카페산 등도 포함됩니다.

케냐산과 브라질산 콩의(2018-2019crop)
pH와 총산량(ml/100g)

생산국	배전도	pH	총산량	보충 설명
케냐 SP	미디엄	4.74	8.18	케냐는 여러 생산지 중 산이 가장 강하다
케냐 SP	프렌치	5.40	5.29	
브라질 SP	미디엄	5.04	6.84	브라질은 여러 생산지 중에서도 산이 가장 약하다
브라질 SP	프렌치	5.57	3.65	

* 케냐는 키리냐가 지역산, 브라질은 세라도 지역산

chapter 5

유기산의 종류와 풍미의 관계

지금까지의 이화학적 분석결과와 관능적 측면을 통해 추출액 속 구연산이 식초의 산인 초산과 그 외 산보다 많은 경우, 기분 좋은 산미를 느낄 가능성이 높다는 사실을 알 수 있습니다.

즉 훌륭한 커피의 기분 좋은 산은 감귤계 과일에서 느낄 수 있는 구연산이 베이스가 됩니다. 그런데 게이샤나 파카마라 품종에서는 감귤계 외에 복숭아나 라즈베리 등의 화사한 과일 산미가 느껴지기도 합니다.

다만 그 화사함이 어떤 유기산의 결합으로 인한 결과인지는 현재 시점에서 알 수 없습니다.

케냐산의 유기산 조성

과육 부분의 100g 당 유기산 성분

	구연산	사과산
레몬	3.0	0.1
오렌지	0.8	0.1
자몽	1.1	
사과		0.5
키위	1.0	0.2
파인애플	1.0	0.2

* 이토 사부로 편저 《과일의 과학》, 아사쿠라쇼보, 1991

케냐 SP와 CO의 구연산과 초산의 관계를 본 것입니다. 이 분석처럼 구연산량이 초산량보다 많은 SP가 CO보다 기분 좋은 산미가 된다는 것을 알 수 있습니다.

chapter6

지질량은 커피 텍스처(바디)에 영향을 미친다

생두에는 100g당 16.0g 정도의 지질이 함유돼 있습니다. 지질은 맛이 아니라 주로 텍스처(혀의 감촉)에 영향을 줍니다. 물보다는 식용유에서 매끄러움을 느끼듯, 지질량이 많은 생두의 로스팅 후 추출액에서 미세한 매끄러움이 느껴집니다. 또 지질은 향을 흡착하여 (유기용매에서 지질을 추출하면 독특한 향을 느낄 수가 있습니다), 풍미를 잘 느끼게 만드는 듯합니다.

생두에 함유된 지질은 포장재 품질과 보관상태에 따라 다른 온도, 습도, 산소의 영향을 받으며 성분은 변화합니다. 지질의 산화(열화)는, 산가酸價, Acid value 라는 수치로 판별할 수 있으며, 수치가 큰 경우 혼탁함과 건초 맛 등이 느껴집니다.

아래 표의 과테말라산 원두는 항공수송한 매우 신선한 샘플로, 거의 산화되지 않은 것입니다. 산가酸價는 다른 연구사례가 거의 없어서, 저의 실험데이터 상에서는 산가 4 이하라면 생두의 신선도가 유지되고 있다(신선한 기간 내)고 판단합니다.

과테말라산(2020-2021Crop)

품종	지질량	산가	텍스처
게이샤	16.45	2.68	명확한 바디로 혼탁함 없이 클린함
파카마라	16.81	2.80	크림 같은 점성, 매끄러움
티피카	16.20	2.92	실키한 혀의 감촉
부르봉	15.34	2.86	바디감 조금 약함
카투라	15.79	2.82	약간 바디가 있음

지질의 추출

추출한 지질

chapter 7

지질량과 풍미의 관계를
이해한다

지질량은 커피 텍스처에 영향을 미 치며, 지질량이 많은 쪽이 복합적 인 풍미를 만듭니다. 산처럼 고도가 높 아 야간 온도가 낮은 재배지에서는 나무 의 호흡작용이 느려져 충분한 지질이 형 성되는 경향을 보입니다.

다만 매끄러움은 촉감각적인 속성으 로, 마시며 감지하기가 어려운 측면도 있습니다. 예를 들자면, 입자가 고운 실 키한(실크 같은 천) 감각부터 매끄러운 벨 벳 같은 혀의 감촉까지 다양한 인상이 있습니다.

아래 표는 과테말라 SP 및 CO SHB와 EPW 간 지질량과 관능평가의 관계를 나타낸 것입니다. SP는 지질량이 많아서 관능평가 점수도 높지만, CO 2종은 지 질량이 적어 관능평가 점수가 낮게 나왔 습니다. 지질량과 관능평가 점수 사이에 는 r=0.9996로 높은 상관관계를 보였습 니다. 즉 지질량이 많은 쪽이 관능평가 점수가 높아지는 경향이 있습니다.

지질량과 관능평가의 상관관계(2019–2020crop)

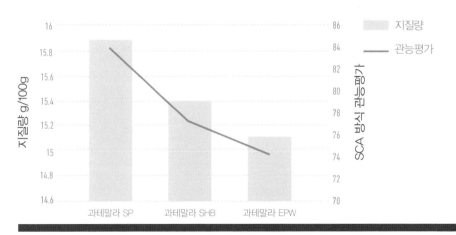

chapter 8

산가acid value와 풍미의 관계를 이해한다

지질이 산화(열화)하면 추출액이 혼탁해지고 건초 같은 맛이 생깁니다.

산화는 빛(자외선이나 가시광선), 물(습기), 열, 공기(산소)에 의해 촉진되는 지질의 '변화'나 '반응'을 의미합니다. 보존 온도가 10℃ 높아지면, 산화 속도는 2배 빨라진다고 합니다. 생두의 포장재와 보관온도 등이 중요한 것이 바로 이 때문입니다. 산가는 지질의 변질(산화) 지표로, '유지 1중에 존재하는 유리지방산을 중화하는데 필요한 수산화칼륨의 mg 수치'이며 지방산의 양을 의미합니다.

산화를 억제하는 포장재로는 진공포장이 가장 효과적이며, 다음으로 추천되는 것이 그레인프로(곡물용 자루)입니다. 마대의 효과는 매우 미미합니다. 수송 컨테이너는 정온 컨테이너(15℃)가 효과적입니다. 상온 컨테이너에서는 적도 통과 시 컨테이너 내부 온도가 30℃를 훨씬 웃돌게 됩니다. 보관창고는 상온창고의 경우 장마기부터 늦여름에 걸쳐 온도가 상승하기 때문에 정온창고(15℃)가 좋습니다.

산가와 관능평가의 상관(2019–2020crop)

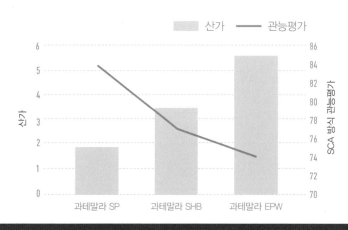

그래프의 SP는 산가가 낮고 관능평가는 높지만, CO 2종은 산가가 높고 혼탁함이 있어서 관능평가는 낮아집니다.
관능평가와 산가 사이에는 r=−0.9652로 높은 부의 상관이 보이기 때문에, 이화학적 수치가 관능평가를 뒷받침한다는 것을 알 수 있습니다.

chapter 9

아미노산이
우마미Umami에 미치는 영향

단맛, 짠맛, 신맛, 쓴맛 외에 다섯 번째 맛으로 감칠맛(우마미)은 일본인에게 매우 익숙한 맛입니다. 일본의 식문화에서는 다섯 가지 맛이 자연스럽게 여겨집니다. 다시마에 함유된 글루탐산, 가쓰오부시에 들어있는 이노신산, 버섯에 함유된 구아닐산은 일본식에서 필수적이고 중요한 맛입니다. 이와 달리 SCA 방식의 평가항목에는 '우마미'가 없습니다. 이 우마미가 커피 풍미에 어떠한 영향을 주는지에 대해서도 향후 많은 연구자들의 분석이 필요합니다.

아미노산은 생두에 많이 함유되어 있습니다. 과테말라산 게이샤 품종과 부르봉 품종의 아미노산을 HPLC로 분석한 결과 우마미의 아미노산으로서 아스파라긴산, 글루탐산, 단맛의 아미노산으로서의 트레오닌, 알라닌 등이 있었습니다. 그러나 로스팅에 의해 생두의 아미노산 양은 98% 정도 감소합니다.

아래 도표는 과테말라산 파카마라와 게이샤를 미각센서에 돌려본 것입니다. 그 결과 미각센서의 우마미와 SCA 방식 관능평가는 r=0.8287의 높은 상관관계가 있으므로, 우마미가 있는 콩은 관능평가가 높아질 가능성도 큽니다. 이 샘플의 경우, 미각센서는 내추럴보다 워시드 정제에서 우마미를 감지하고 있습니다.

과테말라산(2020-2021crop)

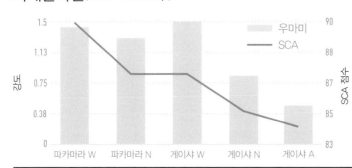

W=워시드, N=내추럴, A=anaerobic 샘플, A(혐기성 발효(무산소 발효,131쪽 참조)에서는 우마미를 감지하지 않습니다. 향후 많은 데이터를 분석할 필요가 있습니다.

chapter 10

카페인이 쓴맛에 미치는 영향

커피는 로스팅이 진행될수록 쓴맛이 강하게 느껴지게 되는데, 미디엄로스트의 관능평가에서 쓴맛 차이를 구별하기는 쉽지 않습니다. 그 때문인지 SCA 방식의 관능평가표에는 쓴맛bitterness의 항목이 없습니다(110쪽 참조). 그러나 일본의 식문화에는 봄의 맛으로서 쓴맛이 있으며, 쓴맛 자체를 즐기는 사람도 많으므로, 이를 평가해도 좋다고 봅니다.

커피의 쓴맛 성분으로 대표적인 것은 카페인caffeine입니다. 카페인은 커피 이외에도 홍차, 녹차 등에도 함유돼 있으며, 주의력과 활력을 높여주는 효과를 지닙니다.

커피가루 10g으로 추출한 100~150ml의 커피액에 함유된 카페인 양은 60mg(0.06/100ml: 7개정식품성분표)입니다. 일반적으로 하루 3~4잔 섭취하는 정도라면 문제가 없는 양입니다(미국식품의약품국FDA 등). 건강한 어른이라면 체중 1kg당 하루 3mg 섭취는 위험하지 않다는 지표도 있으니, 1일 200mg은 문제없다고 여겨집니다.

카페인이 커피의 쓴맛에 관여하는 비율은 10% 정도라고 알려지지만, 카페인 그 자체를 관능적으로 감지하기는 어려울 것입니다.

오른쪽 위 그래프는 브라질산과 콜롬비아산 콩을 각기 다른 3단계로 배전해 HPLC로 분석한 결과입니다. 프렌치로스트 콩의 카페인은 미디엄, 시티로스트의 콩보다 감소하고 있으므로, 카페인 외 다른 쓴맛이 관여하고 있다고 추정됩니다. 클로로겐산 락톤류(클로로겐산이 로스팅에 의해 변화한 화합물의 총칭)나 메일라드반응 결과 생기는 멜라노이딘(갈색 색소) 등이 쓴맛에 모종의 영향을 끼치는 것으로 여겨지지만, 자세히 알려지지는 않았습니다.

오른쪽 아래 그래프는 아프리카산 콩을 HPLC로 분석한 결과입니다. 이 샘플에서는 내추럴 정제한 콩이 워시드 정제보다 카페인이 많은 경향을 보입니다. 다만 샘플마다 차이가 있으므로, 그 점 참고하시기 바랍니다

SP 생산국별 카페인 양(2017~2018crop)

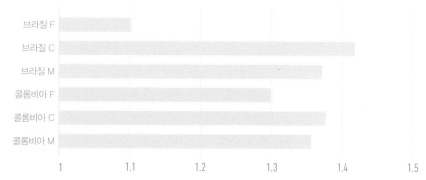

F=프렌치, C=시티, M=미디엄로스트, 브라질은 세라도산, 콜롬비아는 월라산

SP의 정제별 카페인 양(2017~2018crop)

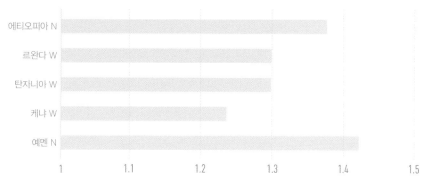

N=내추럴, W=워시드 정제

아미노산의 우마미와
메일라드반응

생두에 많이 함유된 아미노산은 로스팅에 의해 감소합니다. 현재까지의 분석결과 생두 상태에서 함유 비율이 높았던 글루탐산은 로스팅이 진행되면서 줄어들고, 아스파라긴산 조성비율이 늘어나는 경향이 보입니다.

아미노산의 맛

우마미	산미
글루탐산 아스파라긴산	

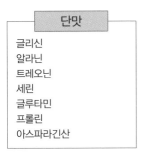

단맛

글리신
알라닌
트레오닌
세린
글루타민
프롤린
아스파라긴산

쓴맛

트립토판	시스테인
페닐알라닌	메티오닌
이소류신	리신
아르기닌	히스티딘
류신	티로신
페린	

로스팅 과정에서 자당은 캐러멜화해 단향 성분을 형성합니다. 이후 자당과 결합한 아미노산은 메일라드 반응에 의해 멜라노이딘을 생성하고, 또 클로로겐산과 반응해 갈색색소를 만들어냅니다. 다만 이 변화가 향미에 어떤 영향을 주는지는 아직까지 명확히 알려지지 않았습니다.

메일라드 화합물

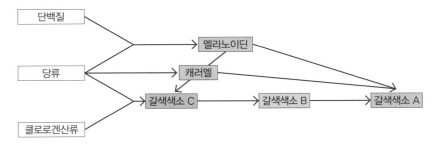

* 나카바야시토시오 《커피배전의 과학과 기술》, 고가쿠출판, 1995

chapter 12
미각센서로 알 수 있는 것

미각센서(인텔리전트센서테크놀러지사)는 식품회사뿐 아니라 의료계에서도 널리 사용하고 있습니다. 5개의 센서로 선미와 후미 합계 8개의 맛을 감지합니다. 다만 그 수치는 강도를 나타낼 뿐, 성분과 풍미의 질까지 판단할 수는 없습니다.

미각센서는 자사 및 타사와 상품 비교, 새로운 상품개발 등에 효율적으로 활용됩니다. 그러나 커피는 다른 식품에 비해 성분이 복잡하므로, 미각센서로 SP의 품질을 판단하기가 어려워서 많은 고민을 했습니다. 지금까지 많은 샘플을 분석해 온 결과 산미, 쓴맛, 우마미 센서를 관능평가와 상관관계를 살펴보면서 활용하는 것이 좋다고 판단했습니다.

미각센서 데이터를 산미, 쓴맛, 우마미, 바디로 작성한 것이 102쪽의 그래프입니다. 2022년 에티오피아 게샤 빌리지 Gesha village의 게샤Gesha 품종(파나마 게이샤geisha와는 다르므로 '게샤'라고 표기함)의 옥션 샘플을 미각센서에 돌려본 것입니다.

옥션 평가단의 평가는 89.9~93.5점으로 높은 점수를 받았습니다. 미각센서 수치는 고르지 않았지만, 관능평가와 비교해 r=0.6643으로 꽤 높은 상관성을 보였습니다.

미각 센서의 내용

센서	선미	후미
산미	산미(구연산, 초산, 주석산)	
우마미	우마미(아미노산)	우마미 바디감(아미노산)
쓴맛	쓴맛 잡맛(쓴맛 물질 유래)	쓴맛(쓴맛 물질)
떫은맛	떫은맛(자극성)	잡미(카테킨, 타닌)
짠맛	짠맛(염화나트륨 등)	

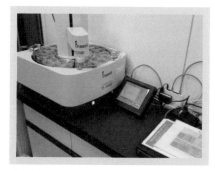

미각센서

에티오피아(2021-22crop)

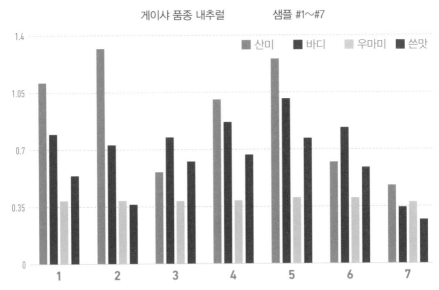

게이샤 품종 내추럴   샘플 #1~#7

■ 산미   ■ 바디   ■ 우마미   ■ 쓴맛

지금까지의 그래프 풍미 패턴으로 볼 때 1, 2, 4, 5 샘플의 풍미가 좋을 것으로 예상됩니다.

그래프에서 보듯 같은 속성 간 강도는 비교할 수 있습니다. 가령 #2는 #7보다 산미가 강한 것을 알 수 있습니다. 그러나 다른 속성 간 강도는 엄밀하게 비교할 수 없습니다. 가령 #1의 산미와 쓴맛은 어느 쪽이 강한지 알 수 없습니다.

다만 풍미의 그래프 패턴으로 풍미의 질을 예측하는 것은 가능하다고 여겨집니다. 또 워시드에 비해 내추럴 샘플은 미각센서 수치가 들쭉날쭉한 경향을 보였습니다. 아마도 건조상태나 발효 등이 영향을 미쳤기 때문일 것입니다. 더불어 워시드와 내추럴을 동시에 돌렸을 경우 역시 상관성을 읽기 어려운 측면이 있습니다.

내추럴의 경우 세계적으로 관능평가 견해가 축적되지 않은 사례가 많고 평가가 고르지 않아서 상관성을 찾기 어려운 점도 있습니다.

5 커피 품질을 평가하는 방법을 이해한다

chapter1
관능평가(테이스팅)란?

커피에는 품질 차이가 있으므로, 그들을 객관적으로 평가하는 방법이 필요합니다. 관능평가*(테이스팅)란, 오감(시각, 청각, 미각, 후각, 촉각)으로 사물을 평가하는 방법이라고 정의할 수 있습니다. 관능평가에는 '맛있다, 맛없다' 등 소비자의 주관적인 기호를 조사하는 '기호형 주관평가'와 '품질이 좋은지 나쁜지' 객관적 시점으로 보는 '분석형 관능평가'가 있습니다.

이 책에서 관능평가는 '지금까지 마신 커피와 비교해, 어느 정도 풍미가 좋은지?' 등에 대해 정해진 방법과 평가기준으로 판단하기 때문에, 분석형 관능평가가 됩니다. 이를 위해서는 커피에 관한 기초지식이 필요합니다.

또 기존 커머셜커피의 관능평가가 주로 결점의 맛을 찾는 마이너스 평가 측면이 강한 것에 반해, SP의 관능평가는 그 커피가 내포하는 좋은 풍미를 찾아내는 작업이므로 플러스 평가 측면이 강하다고 할 수 있습니다.

객관적인 관능평가는 커피라는 상품이 품질에 걸맞은 가격으로 유통되는 건전한 시장을 구축하는 데 중요한 부분입니다. 따라서 생산국에서 소비국까지 커피에 관련된 사람 및 소비자에게 매우 필요한 요소입니다. 이러한 풍미를 감지하기 위해서는 다양한 커피를 체험하며 '무엇이 좋은 산미이며, 기분 좋은 쓴맛이란 무엇인지?' 등에 대해 학습하는 것 외에 달리 방법이 없습니다. 선천적으로 미각이 뛰어난 사람은 극소수입니다. 그러므로 올바른 학습을 통해 커피 풍미를 이해할 필요가 있습니다.

* 오오코시 히로, 진구 히데오 《식의 관능평가 입문》, 코세이칸, 2000

생산국의 등급과 SP

일본에서는 다양한 품질의 커피가 유통되고 있습니다. 커피에는 품질 차이가 있으며, 지금까지 설명했듯 품질이 좋은 것에서 맛있음을 느낄 가능성이 크다고 할 수 있습니다.

내부분의 생산국에서는 생두 300g 중 (1) 결점두 수, (2) 생두 크기, (3) 고도 등에 따른 수출규격으로 등급(아래 표 참조)을 매겨 생두 품질을 구분합니다.

이러한 등급은 오래전부터 변함없이 사용되고 있지만, 실제로는 퀘이커(로스팅 후 미숙두)의 혼입이 많이 보이거나 신선도가 떨어지는 등 등급과 현물이 일치하지 않는 사례도 있습니다. 또 이러한 등급에는 공통의 관능평가 기준이 없습니다. 많은 경우 상위 등급이 풍미가 좋다고 여겨집니다만, 하위 등급 쪽이 나은 경우도 종종 생깁니다.

각 생산지의 수출 등급

생산국	등급과 SP 규격
콜롬비아	수프레모는 스크린 사이즈 S17 이상, 엑셀소는 S14~S16. 수프레모가 상위지만, 엑셀소 중에도 풍미가 좋은 것이 많다.
과테말라	고도로 등급이 결정되며, 가격도 그에 따라 달라진다. SHBStrictly Hard Bean 고도 1,400m 이상, HBHard Bean 고도 1,200~1,400m, SHSemi Hard Bean 고도 1,100~1,200m, EPWExtra Prime Washed 고도 900~1,100m.
에티오피아	결점두 수로 등급이 결정된다. G-1(0~3결점), G-2(4~12), G-3(13~25), G-4(26~46).
탄자니아	주로 스크린 사이즈*로 등급이 결정된다. AA등급은 S18이 최저 90%, A는 S17이 최저 90%, B는 S15~16이 최저90%, C는 S14가 최저 90%다. 그 외, 피베리(PB, 환두)는 귀하게 여겨진다.

* 스크린 사이즈는 채의 구멍 크기를 나타내는 단위로, 64분의 1인치(1인치=25.4mm).
* 그 외 생산국의 등급에 대해서는 ICCInternational Coffee Organization의 ICC-122-12e-national-quality-standards.pdf(ico.org) 등을 참조해 주세요.

생두 품질기준은 생산국마다 서로 달라서, SCAA(현 SCA)에 의한 새로운 아라비카종 워시드 SP '생두 감정'과 '관능 평가 방법'이 개발되어 국제적인 견해를 얻기 시작했습니다.

좋은 커피는 향이 강하고, 산뜻한 산미가 있으며, 매끄러운 바디가 있고, 단맛의 여운이 있으며 액체가 클린합니다. 반면 결점두 혼입이 많을 때는, 혼탁함과 잡미가 쉽게 느껴집니다.

브라질 등급
(COB 방식*)

브라질의 커피 구분에는 몇 가지 방법이 있습니다. 결점두에 따른 브라질 방식의 등급은 타입 2부터 8까지인데, 일본시장에서는 하위 등급 타입 4, 5도 많이 유통되고 있습니다.

수출 등급	브라질 방식
브라질	타입 2(No2) 0~4결점 타입 2, 3=5~8 타입 3=9~12 타입 3, 4=13~19 타입 4=20~26 타입 4, 5=27~36 주된 결점은 블랙빈, 발효빈(사워빈), 벌레 먹은 콩, 미숙두, 깨진 콩, 외피가 부착된 콩 등입니다. 그 외, 스크린 사이즈 등에 의한 등급도 있습니다.

* COB(The Brazilian Official Classification, 브라질 공식감정법)

스크린Screen

스크린은 생두 사이즈를 측정하는 채. 브라질 방식에서 일반적으로 S 18은 64분의 18인치 사이즈의 구멍을 통과하지 않는 것을 의미하며, 그 이상의 콩도 포함됩니다.

방식	S20	19	18	17	16	15	14	13
브라질	7.94mm	7.54mm	7.14mm	6.75mm	6.35mm	5.95mm	5.56mm	5.16mm

chapter 3

SCA의 생두 감정Green Grading

커피 풍미는 생두의 품질에 지배되는 부분이 큽니다. 각 생산국이 독자적으로 생두 등급을 정하지만, 상위 등급이 좋은 풍미를 내지 못하는 사례가 있어 생산국과 소비국 간 품질에 대한 가치관 괴리가 생기기도 합니다.

SCA는 결점두의 수로 등급을 정하는 생두 감정법Green Grading을 도입해 10항목·100점 만점의 새로운 관능평가표 Cupping Form를 만들었습니다. 여기서 80점 이상을 얻은 커피를 SP로, 79점 이하를 CO로 구별하지요. 다만, 이 평가는 아라비카종의 워시드 정제법 콩에만 적용하고 있습니다.

생두 감정은, 생두 350g 중 결점두 수로 파악합니다. 결점두는 카테고리 1과 카테고리 2로 구분됩니다. SP 등급 Specialty Grade*으로 인정되는 조건은, 카테고리 1(블랙빈과 발효빈 등 풍미에 큰 타격을 주는 것들)이 없으며 카테고리 2(풍미에 결정적인 타격을 주지 않는 것)가 5결점 이하여야 한다고 정하고 있습니다.

그 외 체크항목으로서 스크린 사이즈 14~18, 수분함량 10~12%로 정하고 있습니다. 로스팅 후의 콩 100g 안에 퀘이커(로스팅해도 갈색으로 변하지 않는 미숙두)가 없어야 한다고도 명시합니다.

* SCA Digital Store에서 Washed Arabica Green Coffee Defect Guide가 판매되고 있으니 상세내용 참조하세요. Coffeetrategies.com/wp-content/uploads/2020/08/ Green-coffee-Defect-Handbook.

Washed Arabica Green Coffee Grade

결점두

카테고리 1	영어	원인 및 풍미
블랙빈	Full Black	지면에 떨어져 발효, 균에 의한 데미지, 불쾌한 발효취
발효빈	Full Sour	발효조에서 발생, 과육 제거 지체 등, 발효취
드라이체리	Dried Cherry	건조된 체리, 발효취, 이취
곰팡이	Fungus Damaged	균에 의한 데미지, 정제과정에서 일어나는 불쾌한 맛
이물질	Foreign Matter	나무 및 돌
벌레 먹은 콩	Severe Insect Damage	심각하게 벌레 먹은 콩, 구멍이 뚫린, 5알에 1결점

벌레 먹은 콩 이외에는 한 톨이라도 섞이면 SP 등급이 될 수 없습니다.

카테고리 2	영어	원인 및 풍미
블랙빈(3-1)	Partial Black	일부 균에 의한 데미지
발효빈(3-1)	Partial Sour	일부 발효, 발효취
벌레 먹은 콩(10-1)	Slight Insect Damage	벌레 먹은 구멍이 있음. 맛이 혼탁
미숙두(5-1)	Immature	미숙두, 실버스킨 부착, 떫은맛
플로터(5-1)	Floater	밀도가 낮은 콩으로 물에 뜸, 건조 등 불량
주름콩(5-1)	Withered	콩의 표면에 주름, 생육 불량
깨진 콩(5-1)	Broken/Chipped	주로 파치먼트 탈각 시 발생
조개빈(5-1)	Shell	속이 비어있는 조개껍질 같은 콩, 생육불량 등
파치먼트(5-1)	Parchment	파치먼트 탈각 불량
외피, 껍질(5-1)	Hull/Husk	곰팡이와 페놀, 오염된 맛

* (5-1)은 5알에 1점이라는 의미.
* 생두 그레이딩은 익숙한 사람이라도 한 아이템당 20분 정도가 걸리기 때문에, 샘플이 많을 경우 상당한 노력이 요구됩니다.

결점두의 상태

블랙빈

발효빈

벌레 먹은 콩

곰팡이

주름콩

플로터

깨진 콩

조개빈

미성숙 (미숙두)

생두의 색

워시드 커피의 신선한 생두 색은 블루 그린blue green입니다만, 시간 경과와 함께 그린green에서 옐로우yellow로 경시 변화를 합니다. 내추럴 커피는 약간 노란 빛이 감도는 녹색입니다.

chapter 4
SCA의 관능평가|cupping

S CA에서는 관능평가에 대해 '커핑'
이라는 용어를 사용합니다. SP의
관능평가 목적은 (1) 샘플 간 관능적 차
이를 판단하고, (2) 샘플 플레이버를 묘
사·기록하고, (3) 상품의 선호를 결정하
는 것 등입니다. 특정 플레이버 속성을
분석한 후 과거 경험에 비추어, 수치 기
준에 따라 평가하게 됩니다. 따라서 평
가는 정해진 방법에 따라 진행해야 하
며, 경험이 필요할 수밖에 없습니다.

fragrance/Aroma, Flavor, Aftertaste,
Acidity, Body, Blance, Sweetness,
Clean Cup, Uniformity, Overall 등 10
개의 플레이버 속성을 평가하고 기록합
니다. Defects는 결점이 있는 풍미가 날
때 적용하는 감점입니다. 평가점수는
6~10점으로 0.25 단위로 평가합니다. 6
미만 척도는 CO에 적용하는 것으로 각
각의 결점 종류와 강도를 평가합니다.

생두 감정에서는 스페셜티로 구분
되는 생두를 로스팅해 커핑합니다. 커
핑 결과 80점(100점 만점) 이상을 스페
셜티커피로, 79점 이하를 커머셜커피
로 구별하고 있습니다. 현재 이 방식은
CQI*Coffee Quality Instituete가 Q그레이더
(SCA 관능평가표를 사용해 아라비카종을 평
가할 수 있는 기능자)를 양성하는 등 국제
적으로 확산하고 있습니다. 일본에서는
SCAJ가 창구가 되어 Q그레이더 양성코
스를 운영합니다.

　SCA 관능평가표(커핑폼)에서는

SCA 관능평가는 프로용으로 작성된
것입니다만, 커피 풍미를 이해하기 위해
일반 소비자도 참고할 수 있습니다.

* https://www.coffeeinstitute.org

SCA 커핑폼(SCA Cupping Form)

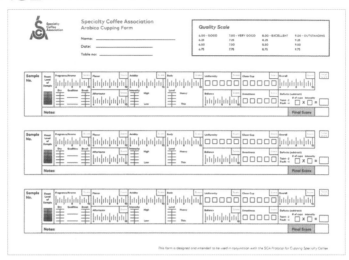

관능평가 항목

평가항목은 10개로, 아래와 같습니다. 각 항목은 10점 만점, 합계 100점입니다. 결점*이 있을 경우, 합계 점수에서 빼면 최종 득점이 됩니다.

평가항목	내용
Fragrance/Aroma	가루의 향(프래그런스), 물을 부은 후의 향(아로마), 거품을 걷어냈을 때 향(아로마) 3가지의 측면에서 평가.
Flavor	미각적 감각으로서 입과 코를 관통하는 아로마가 합해진 것으로, 그 강도와 질의 복합미를 평가.
Aftertaste	커피를 마신 후 혹은 내뱉었을 때 좋은 플레이버가 지속되는 길이.
Acidity	좋을 때는 '밝다'고 표현하고, 좋지 않을 때는 '시다'고 표현하는 경우가 많음.
Body	입안 액체의 감촉, 특히 혀와 구강 사이에서 느껴지는 감촉. 무거움, 가벼움이 아닌 입안의 기분 좋은 감각으로 평가.
Balance	플레이버, 애프터테이스트, 산도, 바디가 얼마나 조화로우며 어떻게 보완되는지를 평가.
Sweetness	단맛을 의미하며, 자당 등의 영향을 받음. 반대 표현은 '입안이 조여드는' 듯한 신맛으로 좋지 않은 플레이버가 됨.
Clean Cup	맨 처음 입안에 넣을 때부터 마지막 애프터테이스트까지, 결함의 인상이 없는 투명함을 말함.
Uniformity	샘플 컵들 간 플레이버의 일관성을 말함.
Overall	샘플에 대한 평가자의 종합적인 조정점수.

* 결점: 테인트taint는 현저한 오프플레이버off-flaver(이취)로 아로마 측면에서 나타나며 폴트fault는 맛에서 나타나는 결함으로, 감점 요인이 됩니다.

chapter 5

SCA의 커핑 프로토콜

S CA는 기존 생산국 주도의 품질기준이나 소비국 수입상사와 로스터의 독자적인 품질기준이 아니라, 과학적인 요소로 로스팅 원두의 컬러, 가루의 입자, 가루와 온수의 비율, 추출온 도 등을 조합하면서 새로운 커핑 규약 cupping protocols을 작성하고 있습니다.

* www.SCAA.org/PDF/resources/cuppingprotocols. pdf

커핑 규약의 일부

용기	강화유리 또는 도자기를 사용
로스팅 시간	로스팅 시간은 8분 이상 12분 이내. 바로 냉각해 밀폐용기 등에 넣어 냉암소 (20℃ 기준)에 보관한다.
로스팅 정도	로스팅 컬러는 중배전 정도(SCA* 컬러스케일로 봄)
실시	로스팅 후 8시간은 두어야 하며 24시간 이내**에 실시한다.
시료 작성	가루 8.25g에 물150mℓ 비율로 5샘플을 만든다.
입자 크기	입자는 페이퍼드립보다 약간 굵게.
준비	개별로 계량하고 커핑 직후에 분쇄. 15분 이내에 93℃ 열수를 붓는다. 열수는 컵 테두리까지 부어주고, 4분 경과 후 평가를 시작한다.

* 로스팅 컬러는 SCA Agtron Roast Color를 기준으로 합니다만, 일본의 중배전 정도에 해당합니다. SCA SHOP에서 컬러스케일을 판매하고 있습니다.
** 개인적으로는 풍미가 나오기 쉬운, 로스팅 후 2~3일 후에 실시하는 경우도 있습니다.

chapter 6

SCA의 커핑 순서

세계적으로 수출회사, 농원, 수입회사, 로스터 등 커피 관계자 대부분은 아래의 순서로 커핑을 합니다. 5단계에서는 스푼으로 3회 정도 교반하지만, 추출되어 아래에 가라앉은 가루를 다시 떠오르지 않게 하는 것이 중요합니다. 경험을 쌓을수록 점수를 부여하는 것이 수월해집니다. 호리구치커피연구소의 테이스팅 세미나에서도 이 순서로 실시합니다.

커핑 순서

	SCA 커핑 방법	호리구치커피연구소 방법
1	샘플을 미디엄 단계로 로스팅함	Panasonic 'the roast'를 사용하여 미디엄
2	1아이템에 대해 5컵 준비한다	3컵으로 실시한다
3	샘플을 분쇄해, 향을 맡는다	약간 거칠게 분쇄하여, 향을 맡는다
4	93℃의 열수를 붓고 향을 맡는다	2~3회 향을 맡는다
5	4분 경과 후 표면의 거품을 걷으며 향을 맡는다	거품을 걷어낼 때 향을 맡는다.
6	표면의 거품을 제거한다	거품만 제거한다.
7	70℃ 이하가 되면 스푼으로 떠서 풍미를 본다	마셔도 뱉어도 상관없다
8	커핑폼에 기입한다.	기록하고, 비교한다

chapter7

SCAJ의 커핑 순서

1999년에 처음 COECup of Excellence의 인터넷 옥션이 시작됐습니다. 2003년에 탄생한 SCAJ는 이 콘테스트에서 사용된 커핑폼을 그대로 따랐습니다. 이후 초급, 중급 커핑 세미나 등에서도 이 방식으로 관능평가를 실시하고 있죠. 이 책에서 역시 SCA 방식으로 관능평가를 실시했습니다.

각 항목 평가는 '플레이버 8점, 후미의 인상 8점, 산의 질 8점, 입에 머금었을 때의 질감 8점, 균형감 8점, 컵의 클린함 8점, 단맛 8점, 종합평가 8점으로 합계 점수는 최고 64점'입니다. 100점 만점 평점이 되려면, 마지막에 기초점 36점을 더하여 종합점수*를 도출합니다. 0~5점은 1점 단위로 평가하지만, 6~8점은 0.5점 단위로 점수를 부여합니다.

*최종합계점으로 등급을 결정합니다. 85~89점 톱 스페셜티커피, 80~84점 스페셜티커피, 75~79점 하이 커머셜커피, 69~75점 커머셜커피, 68점 이하 로 커머셜 커피.

SCAJ 평가기준

플레이버 Flavor	미각과 후각. '꽃 같은 향' '과일 같은 풍미' 등으로 표현.
후미의 인상 After taste	커피를 마신 후 지속되는 풍미. '단맛의 감각이 지속되는' '자극적이고 좋지 않은 감각이 나오는' 등으로 평가한다.
산의 질 Acidity	산의 강도는 평가 대상이 아니며, 오직 산의 질에 대해서만 평가한다. 밝은, 산뜻한, 섬세한 산미의 정도를 평가.
입에 머금었을 때의 질감 Mouth feel	촉감의 강도는 평가 대상으로 하지 않으며, 입안에 머금은 촉감의 '점성' '밀도' '진함' '매끄러움' 등을 본다.
균형감 Balance	풍미의 조화가 잡혀있는가? 무언가 돌출되는 것은 없는가? 반대로 무언가 빠진 것은 없는가? 등을 평가.
컵의 클린함 Clean cup	'오염' 또는 '풍미의 결점, 결함' 이 전혀 없고 커피의 풍미에 투명성이 있는지를 평가한다.
단맛 Sweet	커피체리가 수확된 시점에 완숙도가 좋은지, 풍미에 단맛이 있는지를 본다.
종합평가 overall	풍미에 깊이가 있는가? 풍미가 복합적이고 입체감이 있는가? 단순한 풍미 특성인가? 커퍼의 취향인지 아닌지 등을 평가한다.

일반사단법인 일본스페셜티커피협회(SCAJ.org)

커피 컵을 선택한다 1

커피잔의 크기는 다양합니다. 일반적으로 아래와 같이 구분하지만, 엄밀한 정의는 없으며 용량도 다양합니다. 머그잔 외에는 컵에 받침이 있습니다.

커피잔의 용량(컵 테두리까지의 양)

컵 종류	Cup	용량 ml	보충설명
머그잔	**Mug**	50~350 전후	크고 두께가 있는 원통형, 핸들의 유무는 상관없다.
레귤러	**Regular**	150~180 전후	대부분 핸들이 있으며, 컵과 받침의 조합이다. 주로 마실 때의 커피 농도 등에 맞추어 사용한다.
데미타스	**Demitasse**	80~100 전후	
에스프레소	**Espresso**	40~60 전후	

여러 가지 머그잔들

PART 3

커피콩을 선택한다

PART 2에서 해설했듯이 커피에는 품질의 차이가 있습니다. 커피 풍미를 익히기 위해서는 우선 좋은 풍미의 좋은 커피를 선택해 마시는 것이 중요합니다. 커피에는 방대한 종류가 있으며, 그 풍미를 안다는 것은 보통 일이 아닙니다. 따라서 막연하게 선택하기보다 명확한 기준을 가지는 쪽이, 커피 풍미를 빨리 이해하는 데 도움이 됩니다. 좋은 커피를 선택하는 판단 포인트를 (1) 정제법, (2) 생산지, (3) 품종, (4) 로스팅 정도 등 4개 테마로 나누어 설명합니다. 가능한 한, 신뢰할 수 있는 로스터리에서 좋은 커피를 선택하세요. 그래야 풍미를 익히는 데 멀리 돌아가지 않을 수 있으니까요.

1 정제방법의 차이로 커피콩을 선택한다

정제란

정제processing는 체리의 과육이나 파치먼트(내과피)를 제거해서 수송·보관·로스팅에 적합한 생두 상태로 만드는 것을 말합니다. 크게 워시드(습식)와 내추럴(건식) 정제방법이 있으며, 정제법 차이는 풍미에 큰 영향을 미칩니다. 또한 펄프드내추럴pulped natural(코스타리카에서는 Heney processing)이라고 부르는 방법이 있으며, 산지의 지형이나 수원, 환경대책 등에 따라 달리 행해집니다.

중요한 것은 각 공정에서 수분함유량의 안정을 도모해 미생물(효모, 곰팡이 등의 진균, 유산균 등의 균류) 등의 영향에 의한 발효취를 최대한 억제하는 일입니다.

커피체리

각 정제방법의 차이

	Washed	Pulped Natural	Natural
과육 제거	○	○	×
뮤실리지*	수조에서 100% 제거	제거하지 않는 사례가 많다	×
건조. 탈각	PC**를 건조하여 탈각	PC를 건조하여 탈각	체리를 건조 후 탈각
생산국	콜롬비아, 중남미 국가, 동아프리카	브라질, 코스타리카, 그 외	브라질, 에티오피아, 예멘

* 뮤실리지Mucilage(파치먼트에 부착된 미끌거리는 점액질로 당질화한 점액성 물질)

** PCParchment(파치먼트)는 커피 열매의 종자를 감싸고 있는 엷은 곡물색 껍질로 내과피라고도 함

chapter2

워시드washed 정제

워시드 정제는 과육을 제거하고 파
치먼트에 부착된 뮤실리지(점액
질)를 발효시켜, 물로 씻어내 건조하는
방법입니다. 웨트 밀Wet mills(과육 제거에
서 건조까지)과 드라이 밀Dry mill(탈각에
서 선별까지) 등 두 가지 가공공정이 있
습니다.

에티오피아, 르완다, 케냐 등 동아프
리카 소농가는 체리를 따서, 워싱 스테
이션Washing station이라고 불리는 웨트 밀

(수세가공장)로 가져갑니다.

콜롬비아 등 소농가에서는 소형 과육
제거기로, 동티모르의 소농가는 수동 과
육제거 장치로 과육을 제거합니다. 그
후, 수조에 넣어서 점액질을 자연 발효
시켜 물로 씻어냅니다. 그렇게 만들어진
웨트 파치먼트 상태로 천일건조합니다.
그 후 드라이 밀로 가져가 드라이 파치
먼트를 탈각하고, 생두의 비중 및 스크
린 사이즈로 선별합니다.

1

수확 단계에서는 가능한 완숙한 열
매만을 수확합니다. 다음 날이 되면 과
육이 발효되기 때문에, 그날 안에 과육
제거기pulper로 과육을 제거합니다. 이
단계에서 완숙두와 미숙두로 선별된 후
수로를 통해 발효조(물에 담그는 경우와
물을 넣지 않는 경우가 있음)로 보내어 점
액질을 자연발효(고도 1,600m인 중미 산
지 등 외부기온이 낮은 경우 36시간 정도)시
켜서 물로 충분히 씻어 줍니다. 시간이
너무 걸리면 발효취가 발생하는 경우도
생깁니다.

체리를 수확(위), 체리 집하장(아래)으로 가져갑니다.

점액질*은 효소와 미생물에 의해 분해되고, 이 과정에서 발생하는 산과 당알코올(당질의 일종) 등이 풍미에 영향을 미친다고 여겨집니다.

* 점액질은 수분 84.2%, 단백질 8.9%, 설탕 4.1%, 펙틴 0.91%, 미네랄 0.7% 등으로 구성되어 있습니다(coffee fermentation and flavor, food chemistry, 2015).

체리를 모아(위) 과육제거기(아래)로 과육을 제거합니다.

2

파치먼트를 수로 등에서 건조장으로 옮겨 콘크리트, 벽돌, 그물망 건조대 등에 펼쳐서 수분치 12% 정도가 될 때까지 일주일쯤 건조합니다. 매일 수차례 교반합니다. 과도한 건조는 깨지는 콩, 쪼개진 콩 등 증가로 이어집니다. 반대로 불충분한 건조는 미생물에 의한 데미지, 곰팡이 리스크를 동반합니다. 또 생두의 품질 열화가 빨리 일어나는 경향이 있습니다.

발효조(위)에서 점액질을 제거한 후 건조장(아래)에서 건조합니다.

3

건조 스트레스를 피하고 수분치를 균일하게 유지하기 위해 사일로silo와 창고에 보관하며, 수출하기 전 탈각기 Hulling machine에서 파치먼트를 벗겨내 생두를 만듭니다. 체리의 24%가 파치 먼트 커피의 중량이므로, 파치먼트 탈 각 후 생두는 체리 무게의 19%로 줄 어듭니다. 최종적으로 10kg 체리에서 2kg의 생두를 만드는 셈입니다.

4

그 후 생두를 비중 선별기*, 즉 스크린 선별기, 전자 선별기에 돌리거나 핸드 소팅하는 등 선별 공정을 거칩니다. 대부분의 생두는 블루그린색blue green 에서 그린색green으로 변화합니다. 실버스킨 부착이 적은, 깨끗하고 적절하게 정제된 생두는 산미가 도드라지며, 클린하고 혼탁함이 없는 풍미를 만들어 냅니다.

*스크린 선별=콩의 크기, 비중 선별=콩의 무게, 전자 선별=콩 색으로 선별합니다. 핸드 소팅=사람 손으로 결 점두를 제거합니다.

핸드 소팅을 하는 장면 (위), 창고 (아래) 나 사일로에 서 수분치 등 성분을 안정시킵니다 .

5

워시드는 주로 건조 공간이 없는 산 경사면 농장이나 수원이 있는 곳에서 행해지지만, 배수 과정에서 미생물이 생겨 환경 오염을 초래합니다. 또 제거한 과육의 발효취가 납니다. 이 때문에 코스타리카 등에서는 배수 정화지를 만드는 등의 대책도 마련하고 있습니다.

천일건조

동티모르 소농가에서의 정제

수확 후 미숙 체리 등을 제거하고, 물에 담가 불순물을 제거합니다.

수동식 과육제거기로 과육을 제거한 후 파치먼트를 물에 담가 발효시킵니다. 고도가 높고 기온이 낮은 장소에서는 뮤실리지가 발효되기 어렵기 때문에 손으로 씻으면서 제거합니다.

건조공정을 거쳐 딜리 마을의 정제공장으로 가져가 탈각하고 계량합니다.

최종적으로 마대에 포장한 후 컨테이너에 실어 수출합니다. 수입한 콩은 항만 창고에 넣습니다.

chapter 3
내추럴natural 정제

내추럴 정제는 체리 그대로 건조시킨 후 탈각해 생두를 만드는 방법입니다. 전통적으로 내추럴 정체를 해온 곳은 브라질, 에티오피아, 예멘 등입니다. 그 이외에 아시아권과 카네포라종 생산국에서도 이 방법을 사용합니다. 또한 중남미에서도 저급품은 내추럴 정제인 경우가 많습니다.

광대한 토지에 나무를 심는 브라질 대농원에서는 대형 기계로 수확하고, 중규모 농원에서는 나뭇가지를 흔들어서 잎과 열매를 시트 위로 떨어뜨리는 방법을 씁니다. 이렇게 하면 미숙과일이 혼입될 확률이 높으므로, 뒤에 기술하는 펄프드 내추럴 방식으로 정제를 합니다.

내추럴 정제가 많은 에티오피아에서는 미숙 체리가 많이 섞여 품질이 저하(G-4 그레이드 등)되자, G-1 그레이드에서는 수확한 체리 중 미숙 열매를 핸드 소팅Hand sorting(수작업으로 제거)하고, 생두를 전자 선별기에 돌린 후 다시 핸드 소팅하는 경우가 많아졌습니다.

2010년경부터 중미, 특히 파나마에서

고품질 내추럴을 만들기 위한 노력이 눈에 띕니다. 초기 단계에는 알코올 발효취가 심해 풍미가 좋지 않았지만, 그 후 서서히 개선돼 클린한 향미의 내추럴이 만들어지기 시작했고 2015년 전후부터는 게이샤 품종도 내추럴로 만들고 있습니다.

품질검사에서는 이 발효취를 결점으로 보고 있지만, 최근 과일의 풍미로 착각하는 커피 관계자들도 늘어난 듯합니다. 따라서 내추럴 선호도가 증가하는 듯한 경향을 보이지만, 발효취는 어디까지나 정제과정에서 생기는 데미지이므로 정확한 테이스팅이 요구됩니다.

건조 중인 체리

건조 후의 체리

chapter 4
내추럴은 워시드보다
풍미 개성이 드러나기 쉽다

내추럴은 건조과정에서 미생물에 의한 영향으로 발효취가 동반되는 사례가 많습니다. 그러나 2010년 이후 기온이 낮은 장소나 그늘에서 제대로 건조하는 곳이 늘고 품질이 향상돼 풍미도 다양화하고 있습니다. 개인적으로 에탄올ethanol 냄새 없이 와이니하며 프루티한 풍미를 좋다고 평가합니다만, 좋고 나쁨에 대한 국제적 평가 기준은 아직 형성되지 않았습니다.

내추럴 SP가 생겨나면서, 물 소비 없이 환경부하가 억제된 정제로서 기존 워시드 생산국에서도 이 방법을 시험하는 곳이 늘고 있습니다.

현 시점에서는 파나마산 내추럴, 에티오피아산 내추럴, 예멘산 내추럴 간에는 풍미 차이가 있으므로, 각각의 풍미 특징을 이해하는 것부터 학습하면 좋을 듯합니다.

아래 그래프는 에티오피아와 예멘의 뛰어난 내추럴(시티로스트)을 관능평가하고 미각센서에 돌려본 결과입니다.

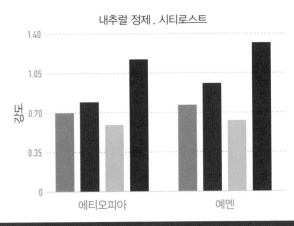

에티오피아와 예멘의 내추럴 (2019-2020crop)

내추럴 정제 . 시티로스트

산미 / 바디 / 우마미 / 쓴맛

강도: 1.40, 1.05, 0.70, 0.35, 0

에티오피아 / 예멘

전부 SCA 방식으로 매우 높은 90점을 받은 콩입니다. 미각센서의 풍미는 강도 패턴이 닮았지만, 관능적으로는 매우 큰 차이가 있었습니다. 둘 다 발효취가 없고 은은하게 과일의 산미가 감돌며, 클린하여 혼탁함이 없었습니다. 에티오피아산은 블루베리 잼, 예멘산은 라즈베리 초콜릿 풍미의 뉘앙스가 느껴졌습니다.

브라질의 3가지 정제방법

체리를 수조에 넣으면, 과완숙 과일은 뜨고, 완숙 과일과 미숙 과일은 가라앉습니다. 과완숙 과일은 내추럴로 하고, 가라앉은 완숙과 미숙 과일은 과육제거기에 넣습니다. 미숙 과일은 과육이 단단하여 벗겨지지 않기 때문에 바로 골라낼 수 있습니다. 이 공정을 거치는 동안 미숙 과일이 제거되어 결점두 혼입은 감소합니다.

과육을 제거한 완숙두를 점액질이 붙은 상태로 파치먼트를 건조하는 방법이 펄프드 내추럴pulped natural, PN입니다. 2010년 전후 이 방법으로 정제한 카르모 데 미나스Carmo de minas의 커피농원 콩이 COECup of Excellence(인터넷 옥션)에서 높은 평가를 받은 후 같은 방식으로 따라 하는 생산자가 늘어났습니다. 그러나 외관만으로 내추럴과 펄프드 내추럴 생두를 구별하는 건 거의 불가능합니다. 또 관능적으로도 내추럴과 펄프드 내추럴 간 풍미 구별은 어렵습니다.

한편 과육제거 후 점액질이 붙은 콩을 원통형 기계로 회전시켜 제거하고, 파치먼트를 천일 또는 드라이어로 건조하는 방법이 세미워시드semi-washed, SW입니다. 이를 내추럴과 펄프드 내추럴과 비교하면 희미하게 '산미가 느껴지며, 클린한 인상의 풍미'가 됩니다. 다만 브라

브라질 과육제거·수세기계 라버 둘

천일건조

질산의 경우, 생두 유통과정에서 펄프드 내추럴과 세미워시드 구별이 애매한 부분도 많은 듯합니다.

점액질 제거에 쓰인 폐수는 환경오염을 초래하기 때문에, 저수지를 만들어 잔존물을 침전시키는 등 강으로 유입되는 오염수를 줄이려는 사례도 있습니다.

내추럴 그늘 건조

펄프드 내추럴 건조

브라질 정제방법에 따른 총산량(적정산도)의 차이

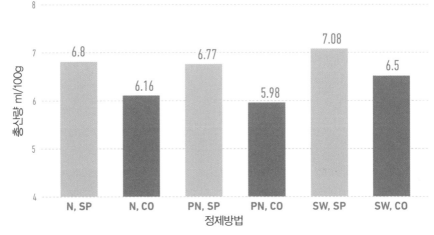

위 그래프는 3가지 정제방법 SP와 CO의 총산량을 계측한 것입니다. 각 샘플은 4개 농원 콩의 평균치입니다. 세미워시드(SW)는 내추럴(N), 펄프드 내추럴(PN)보다 총산량이 많은 경향을 보이며, SP는 모든 정제법에서 CO보다 총산량이 많습니다. SP와 CO 사이에는 $p < 0.01$의 유의차, 통계상의 차이로서 우연성에 의존하지 않는 명확한 차이가 보입니다.

chapter 6
코스타리카의 허니 프로세스

코스타리카 허니 프로세스에서는 체리를 수확한 후 24시간 이내에 과육을 제거하고, 점액질이 붙은 파치먼트를 수분 12% 전후가 되기까지 천일건조합니다. 고도가 높은 산지의 마이크로 밀에서 주로 이 방법을 사용하며, 건조일수는 14일 정도입니다. 물론 날씨에 영향을 받으며, 드라이어를 사용하는 사례도 있습니다.

기본적으로 펄프드 내추럴과 동일하지만, 종종 기계에 의한 점액질 제거율을 달리하는 방법을 쓰기도 합니다. 점액질을 90%에서 100%까지 제거하는 화이트 허니White Honey, 50%만 제거하는 옐로우 허니Yellow Honey, 그리고 점액질

을 대부분 남기는 레드 허니Red Honey와 블랙 허니Black Honey 등이 있습니다. 점액질에는 미생물이 많이 부착되어 있습니다. 그러므로 발효 과정에서 대사(생체 내 화학반응)가 일어나며, 이로 인해 모종의 향미가 만들어지는 듯합니다.

다음 페이지의 그래프는 코스타리카 인터넷 옥션Exclusive Coffees Private Auction 마이크로 밀의 다양한 허니 프로세스 2021-2022crop 게이샤 품종을 미각센서에 돌려본 결과입니다.

생산자가 다르기 때문에 허니 프로세스의 차이가 적확하게 나타나는 것은 아니지만, 정제에 따른 풍미 차이가 발생

마이크로 밀 천일건조

과육제거기

하는 것만은 분명합니다.

옥션 저지 관능평가는, 화이트 허니부터 순서대로 93.26점, 89.59, 90.68, 92.16, 93.25로 모두 높은 점수입니다.

코스타리카

그러나 미각센서에서 샘플 간 산미는 약간 들쭉날쭉했으며, 관능평가와 미각센서 사이에는 r=0.2449로 유의미한 상관성은 보이지 않았습니다. 그 원인으로는 정제법이 서로 다른 콩 간 관능평가의 어려움, 나아가 센서가 정제의 미묘한 차이를 감지하지 못하는 현실 등을 들 수 있을 것 같습니다.

코스타리카 마이크로 밀 게이샤 품종 (2021-2022crop)

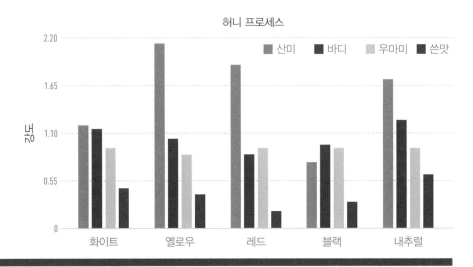

chapter 7

수마트라 방식의 정제

비가 많이 내리는 수마트라는 전통적으로 생두 상태로 재빨리 건조하는 방법을 사용해 왔습니다. 일본에서 오래전부터 음용된 수마트라 만델린은 역사도 길고 팬도 많습니다. 미국에서도 독특한 풍미를 지닌 콩으로, 적잖은 팬층을 확보한 것 같습니다.

북부 수마트라의 소농가는 작은 수동 기구로 과육을 제거한 후, 반나절 정도 건조(웨트파치먼트, 수분치 30~50% 정도)시킨 후 마대 등에 넣어 브로커에게 파치먼트 상태로 판매합니다. 보통 파치먼트의 점액질이 붙은 채로 보관하기 때문에 미생물이 당, 산, 그 외 화합물을 대사합니다.

그 후 공장에서 점액질이 붙은 웨트파치먼트를 탈각한 후 생두 상태로 10일가량 건조합니다. 수마트라는 비와 습기가 많으므로, 보다 빠르게 건조하기 위해 생두 상태로 말리는 것으로 보입니다. 또 수분치가 높은 생두를 건조하는 과정도 모종의 영향을 끼쳐서 독특한 수마트라 풍미가 만들어지는 듯합니다.

수동 과육제거기(위)로 과육 제거(가운데), 파치먼트를 물에 담가 불순물을 제거합니다(아래).

아래 표는 린톤 지역의 SP와 CO(그레이드 3, G-3) 만델린을 샘플링하여 제가 관능평가한 결과입니다.

만델린 재래종은 감귤의 명확한 산미가 있어서, 녹초, 잔디 향, 허브 등의 풍미를 지닙니다. 다만 섬유질이 부드러워서 1년 이내에도 풍미가 크게 변화합니다. 수마트라산 커피 대부분을 차지하는 아텐 품종 등 카티모르계 품종의 경우 산미가 약하고 약간 무거운 풍미가 있어서, 쉽게 구별됩니다.

수마트라 린톤 지역(2019-2020crop)

SP는 산이 강하고 바디도 있습니다. 생두의 열화가 보이지 않고 신선해서 CO와는 풍미가 명확하게 구분됩니다.

	pH	지질 (%)	산가	관능평가	SCA 평가
SP	4.80	17.5	3.60	매끄러운 혀 감촉, 레몬 산, 망고의 단맛, 푸른 잔디, 노송, 삼나무숲의 향	90.0
CO	5.00	16.0	7.80	산미를 느끼기 힘듦, 흙, 혼탁함이 강함	68.0

수마트라 소농가 건조

수마트라 손 선별

손질되지 않은 나무

만델린 생두

정제방법과 발효에 대하여

체리는 수확된 후 미생물(효모는 당을 알코올과 탄산가스로 분해) 등의 영향을 받습니다. 미생물은 과일에 들어가자마자 과일 내 당과 산의 대사를 시작합니다. 이 프로세스는 커피 수분이 11~12%로 감소하는 건조 종료 시점까지 이어지며, 이 과정에서 이취가 발생하기도 합니다. 가령 제거해낸 과육에서는 심한 발효취가 납니다.

내추럴 건조일수는 일조량과 기온, 콘크리트 지면인지 건조대(아래에 바람이 닿는)인지, 교반하는지 안 하는지에 따라 달라집니다. 내추럴 건조시간은 워시드보다 길어지기 때문에 부패, 과잉발효,

곰팡이 등 잠재적인 리스크에 노출됩니다. 따라서 내추럴일 경우 세심한 주의와 노력이 요구됩니다.

워시드에 과완숙 콩이 섞일 경우, 그리고 체리의 과육 제거가 늦어지거나 발효조에 너무 오래 둔 경우, 이취로서 발효취가 발생합니다.

브라질과 에티오피아, 그 외 CO 내추럴 콩에 이상한 발효취가 많은 것은 정제과정의 문제 때문입니다. 이러한 발효취는 과육 발효취, 에테르 취, 알코올 발효취, 자극 취 등으로 오프플레이버(결점 풍미)로 판단합니다.

내추럴

펄프드 내추럴

그러나 2010년 이후 내추럴 SP 건조법이 발전하면서 프루티하고 와이니(레드와인 풍미로, 좋은 의미로 사용)한 플레이버가 발생합니다. 안 좋은 발효 풍미와 좋은 발효 풍미를 구별하는 것은 내추럴 테이스팅에서 특히 중요합니다.

내추럴 발효의 풍미

2010년 이후 에티오피아, 예멘, 중미 등에서 뛰어난 내추럴 커피가 만들어지고 있습니다. 내추럴 콩은 워시드보다 개성이 강한 편이고, 새로운 풍미를 추구하는 풍조도 강해졌지만, 풍미 평가 기준은 여전히 모호한 실정입니다.

좋은 내추럴 풍미	좋지 않은 내추럴 풍미
섬세한 레드와인, 섬세한 내추럴 향미, 건조 프룬, 라즈베리 초콜릿	과육이 발효한 맛, 알코올 발효취, 에테르 취, 된장, 산화한 레드와인, 장뇌, 석유, 오일리함

에티오피아 시다모와 예가체프(2019-2020crop)

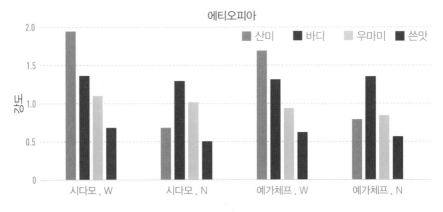

에티오피아

그래프는 시다모산과 예가체프산 워시드와 내추럴 정제의 콩을 미각센서에 돌린 것입니다. 이 4종의 콩은 저의 관능평가(SCA 방식)로 85점 이상의 훌륭한 콩입니다. 전부 SP로 클린한 풍미입니다. 워시드는 내추럴보다 산미가 강한 경향이 보입니다. 내추럴에는 미세한 발효취가 느껴지지만, 프루티하기 때문에 좋은 내추럴로 평가합니다.
관능평가 점수와 미각센서 수치 사이에는 r=0.9740로 높은 상관성이 보이기 때문에, 관능평가 점수를 미각센서가 뒷받침한다고 말할 수 있습니다.

chapter 9

혐기성 발효anaerobic(무산소 발효)

커피가 발효계 식품이라는 사실은 잘 알려지지 않았습니다. 실제로는 정제과정에서 어떤 형태로든 발효가 동반됩니다. 이에 대해서는 산소로 인한 발효로서 호기성 발효라는 말이 사용됩니다. 간단히 말해 공기가 없으면 죽어버리는 미생물에 의한 발효를 말합니다. 한편 혐기성 발효는, 공기(산소)가 없는 상태에서도 활동하는 미생물의 움직임에 의해 발효하는 과정을 말합니다.

발효를 어떻게 생각할지는 커피의 풍미에 있어 매우 중요한 과제입니다.

커피체리는 수확을 하고 단 하루만 방치해도 산지의 효모와 그 외 미생물의 영향으로 발효취를 만들어 냅니다. 이 냄새의 일부가 종자에 옮겨가면 발효취로서 결점 평가를 받게 됩니다. 그래서 당일 수확하고 당일 과육 제거를 하는 등 신중한 관리가 필요합니다.

그러나 이 효모 등을 제대로 이용하자는 발상 아래, 체리를 혐기성 발효시켜 기존 풍미와 다른 것을 만들어 내려는 시도가 있었고, 그 노력이 다양한 형태로 나타나고 있습니다.

커피를 발효식품으로 여긴다면 이러한 개념도 일리가 있습니다.

다만 기존의 가치관이 크게 전환되는 것이므로, 이것이 건전한 방법인지에 대해서는 여전히 의문이 생깁니다. 최대 문제점은 특수한 풍미가 발생하면서 생산지의 테루아나 품종이라는 개념이 의미를 잃게 된다는 것입니다.

체리를 넣는 탱크

탱크 내에서 발효가 진행된 체리

혐기성 발효에 가까운 여러 가지 사례를 들어보겠습니다.

(1) 밀폐된 탱크(드럼통 정도 크기)에 체리를 넣고 공기차단 밸브로 공기를 빼며 자연스럽게 효모를 불린 후 건조과정으로 보내는 방법. 가장 일반적이지만 효모 종류 등에 대한 분석이 진행되지 않아서 풍미의 안정성은 낮은 편입니다. 큰 탱크를 준비하는 것이 어렵고, 양산도 불가능합니다.

혐기성 발효

(2) (1)의 탱크에, 체리에 부착된 효모를 배양해서 넣는 방법도 있습니다.

(3) 체리에 부착된 효모 외에 다른 효모(빵효모 등)를 넣는 방법이 있습니다. 또 효모 외에 유산균 등을 첨가하기도 하는데, 이 경우는 너무 인위적이기 때문에 2차 가공품이 된다고 여겨집니다.

(4) 와인의 마세라시옹 카르보니크(탄산가스 침용법) 방식을 차용하여 탱크에 이산화탄소를 충전하고, 효소에 의해 발효를 촉진하는 방법도 있습니다.

(5) 더블 퍼멘테이션이라고 부르는, 무산소 상태로 효모를 알코올 발효시킨 후 유산균을 첨가하는 방법도 있습니다.

(6) 최근에는 더욱 다양한 방법이 나와서, 트로피컬 프루츠 및 시나몬 등 스파이스를 넣거나 주석산 또는 와인 효모를 첨가하는 등 뭐든 시험하는 상태입니다. 그 외에도 전 세계적으로 독특한 풍미의 커피를 만들어 보고자 여러 방법이 시도되고 있습니다.

애너로빅anaerobic이 새로운 정제법이라고 말합니다만, 평가 견해는 형성되지 않은 상태입니다. 개인적 견해를 말하자면 우선 적절한 정제법으로 만들어진 풍미를 이해한 후 이 방법에 대해 논의해야 한다고 봅니다. 즉 커피 풍미 이해를 위해서는 워시드와 내추럴 풍미 차이를 먼저 알아야 합니다.

저는 2019-2020, 2020-2021, 2021-2022크롭의 10개국 넘는 애너로빅 콩을 테이스팅하고 있습니다. 좋은 것은 산미가 부드럽고 단맛이 있습니다만, 에테르취, 알코올 발효취가 나는 것도 많았습니다. 기존의 내추럴하고 와이니한 술의 풍미가 아니라 위스키나 럼주 같은 알코올 풍미가 나는 경우도 적지 않았습니다.

지나친 수준으로 애너로빅이 보급되면, 커피가 2차 가공품이 되어 버려서 커피 풍미의 본질이 보이지 않게 될까 걱정스럽습니다. 늦기 전에 적절한 규제 혹은 제조법 표시를 의무화해야 할 것으로 보입니다.

아래 표는 브라질 마투아이 품종의 혐기성 발효 콩을 비교하여 제가 SCA 방식으로 관능평가하고 미각센서에 돌린 결과입니다. 기준이 되는 콩은 내추럴

정제로 7일간 천일건조한 것, 애너로빅(혐기성 발효)은 공기를 뺀 탱크에서 발효시킨 것, 카르보니크carbonic는 이산화탄소를 주입한 것, 더블 퍼멘테이션double fermentation은 혐기성 발효를 한 후 유산균을 첨가한 것입니다.

평가를 진행한 결과 호기성 발효한 카투라 품종에 비해 애너로빅과 카르보니크는 미발효가 느껴집니다. 더블 퍼멘테이션은 알코올 발효취가 강해서 좋은 평가를 하지 않았습니다.

브라질 혐기성 발효의 콩(2021-2022crop)

	수분	pH	총산량	지질량	SCA	풍미
내추럴	9.4	5.03	8.29	18.57	81	플로랄, 초콜릿
애너로빅	9.0	5.03	7.34	18.12	83	벌꿀, 허브, 스파이스
카르보니크	9.3	5.07	6.46	18.00	80	산미 약함, 위스키
더블 발효	9.0	5.08	8.00	15.62	75	에탄올, 혼탁함

위 그래프는 미각센서에 돌린 결과입니다. 센서 수치에는 약간 불균일함이 있지만, 관능평가와 미각센서 사이에는 r=0.9184의 상관이 보였습니다.

chapter10

건조방법의 차이

건조방법은 파치먼트를 (1) 비닐시트 위에 펼쳐서(영세 소농가 파푸아뉴기니, 동티모르 등), (2) 콘크리트나 타일, 벽돌 위에 펼쳐서(중미 국가들), (3) 2~3단식 서랍 건조대에 펼쳐서(평지가 적은 콜롬비아 등), (4) 그물 건조대에 펼쳐서(아프리카에서 사용되는 방법이 다른 생산국으로 확산), (5) 텐트로 그늘을 만들어 펼쳐서 (품질향상을 도모하는 생산자) 하는 등 여러 가지가 있습니다.

천일건조에는 건조대를 사용하는 것이 좋고, 초기 단계에서 체리 또는 파치먼트를 얇게 펼쳐서 빈번하게 뒤집어 수분을 빼줍니다. 건조대를 사용하면 모든 면으로 공기가 통과합니다. 제대로 뒤집어주면 건조가 균일하게 이루어지고, 발효가 일어나기 어려워집니다.

건조에 필요한 기간은 일조량, 기온, 습도의 영향을 받습니다. 직사광선이 강할 경우 체리의 표면만 건조되어 버립니다. 또 낮과 밤에 습도가 높으면 쉽게 발효되기 때문에 시트를 깔거나 그늘과 오두막으로 옮기기도 합니다.

대체로 워시드 7~10일, 펄프드 내추럴 10~12일, 내추럴 14일 전후가 소요됩니다.

내추럴 건조한 체리는 드라이체리라고 불리며 과일의 40% 중량이 되고, 생두로 탈각하면 그것의 50% 중량으로 줄어듭니다. 10kg 체리의 경우 약 2kg의 생두가 되는 것입니다.

건조기(드라이어)가 있으면 습도가 높은 산지나 비에 젖었을 때, 생산량이 많은 경우 편리합니다. 기계식 건조기는 40~45℃로 온도를 설정합니다. 너무 고온이 되면 생두 신선도가 떨어질 수 있습니다.

천일건조와 드라이어 병용도 있습니다. 브라질 농원(중미에 비해 규모가 큰)이나 커피를 양산하는 코스타리카 농협 등지에서는 드라이어를 써서 적극적으로 건조하지 않으면 수확량을 감당할 수 없을 정도입니다. 이들 산지에서 사용하는 건조기에는 드럼 회전식, 아래에서 열풍을 보내는 교반식 등이 있습니다.

완성된 생두는 워시드일 경우 짙은 그린입니다. 내추럴은 그린색이 적고, 실버스킨(생두를 감싼 얇은 껍질)이 남기 때문에 로스팅 후 콩의 센터컷 실버스킨은 살짝 검게 됩니다.

각 생산국의 천일 (기계) 건조

예멘만 내추럴이며 그 외는 워시드 건조

예멘

에티오피아

케냐

탄자니아

과테말라

파나마

엘살바도르

콜롬비아

수마트라

파푸아뉴기니

하와이

드라이어

2 생산국별 커피를 이해한다

중남미 편

주요 생산지인 중남미

브 라질 커피는 일본의 생두 총수입량 중 35% 정도를 차지하며, 지명도나 풍미 면에서도 일본인에게 매우 익숙한 커피라 할 수 있습니다. 콜롬비아와 함께 커피 산지로 널리 알려졌지요. 그러나 그 외 페루, 볼리비아, 에콰도르 등 남미국가들의 커피는 그다지 널리 알려지지 않았기 때문에, 그중 비교적 수입량이 많은 페루산에 대해 해설 페이지를 할애했습니다. 중미란, 북미와 남미를 연결하는 멕시코부터 파나마까지 지역을 말하며 태평양과 대서양에 면해 있습니다. 과테말라와 코스타리카 등이 커피 산지로 널리 알려졌지만, 그 외에도 많은 생산국이 있지요. 각 생산국 커피에는 품질과 풍미의 차이가 있습니다. 각국의 위치 관계를 이해하기 쉽도록 지도로 표시했습니다. 과거 30년간 우리가 많이 사용한 중미 국가별 콩의 특징을 소개합니다.

chapter1

브라질
Brazil

생산량(2021~2022)
5,900만bag(60kg/bag)

DATA

고도 ········ 450~1,100 mm

재배 ········ 아라비카종 70%, 코닐론(카네포라종) 30%

수확 ········ 5~8월

품종 ········ 문도노보, 부르봉, 카투아이, 마라고지페

정제 ········ 내추럴, 펄프드 내추럴, 세미워시드

건조 ········ 천일건조 또는 드라이어

수출등급 ··· 결점두 수에 의한 타입 2부터 8까지.

개요

브라질은 세계 최대 커피 생산국으로 전 세계 수확량의 35% 전후를 차지합니다. 그 때문에 연도별로 생산량 증감이 생두 거래가격에 큰 영향을 줍니다.

브라질 5개 생산지역의 수확량은 아래 표와 같습니다.

세라도 지역

주	생산량 (1bag 60kg)	생산 비율
미나스제라이스 Minas Gerais	2,850 만 bag	48%
에스피리토 산토 Espírito Santo	1,670 만 bag	28%
상파울루 Sáo Paulo	530 만 bag	8%
파라나 Paraná	110 만 bag	2%
바이아 그 외 Bahia 외	770 만 bag	14%

Brazil Coffee Annual 2019(ICO)

옐로우부르봉 품종

등급

브라질의 수출등급은 '300g 중 결점 두 수'나 '스크린 사이즈(알 크기)'로 등급을 정합니다. 가령 '브라질 No 2 스크린 16up'으로 표기된 콩은, (1) 결점두 수가 0~4결점, (2) 스크린16(S16) 이상으로 64분의 18인치 채의 구멍(6.35mm)을 빠져나가지 않는다는 것을 의미합니다.

스크린16은 브라질 콩의 표준적인 사이즈이며, 이보다 큰 콩은 S17과 S18 등으로 표기되지만 전체 양은 적어지고 있습니다.

pH 와 관능평가

고도 1,000m 전후에서 수확한 각 산지 7종 SP를 미디엄로스팅해 pH를 측정하였습니다. 이후 테이스팅 세미나 패널 (n=16)이 SCA 방식으로 관능평가를 했습니다.

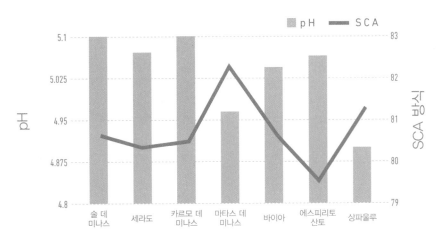

관능평가는 에스피리토 산토 지역이 79.6점을 받은 것 외에는 모두 80점 이상으로, 마타스 데 미나스 지역 82.2점이 최고점이었습니다. 평균 80.85점으로 큰 차이는 없었고, pH는 pH4.91부터 5.1까지, 평균 5.04 였습니다. 이 샘플의 경우, 마타스 데 미나스산과 상파울루산은 산미가 약간 강한 편이었는데, 관능평가는 각각 82.2점 81.2점으로 다른 산지보다 높아서 산미가 평가에 영향을 준 것으로 보입니다. pH와 관능평가 점수 사이에는 r=0.6120로 부의 상관이 있으며, pH가 낮은 쪽이 관능평가가 좋은 결과로 이어졌습니다.

카르모 데 미나스 지역 농원

농원의 건조 풍경

농원의 수확

상파울루의 카페

브라질의 넓은 고원은 지역에 따른 고도, 기온, 우량 차가 비교적 적어 커피콩의 풍미 차이가 크지 않고, 관능평가 역시 쉽지 않습니다.

그 때문인지 브라질에서는 품종개발이 매우 활발하게 이루어지고 있습니다. 현재 일본에서 유통되는 브라질의 주요 품종은 문도노보 품종, 카투아이 품종, 부르봉 품종 등입니다.

브라질 커피는 일본에서 가장 많이 사용되므로 이 풍미에 익숙해진 사람이 많을 듯합니다. 우선 브라질 커피 풍미를 파악한 후, 같은 남미 지역인 콜롬비아 워시드와 풍미를 비교하면 그 특징을 쉽게 알 수 있으리라 봅니다.

브라질 커피의 기본 풍미

산미는 다소 약하지만 바디가 강한 경향이 있습니다. 흐릿하게 혀에 거친 맛이 남습니다. 워시드 생산국의 클린한 풍미와는 미묘하게 질감의 차이가 납니다.

chapter 2

콜롬비아
Colombia

생산량(2021~2022)
1,269만bag(60kg/bag)

DATA

산지 ········ 안데스산맥이 세로로 길게 뻗어있으며, 화산재 토양

재배 ········ 평균기온 18~23℃

농가 ········ 대부분 소농가

수확 ········ 북부 11~1월, 남부 5~8월, 메인 크롭과 서브 크롭으로 연 2회 수확

품종 ········ 1970년대까지는 티피카 품종이 주류. 그 후 카투라 품종과 콜롬비아 품종으로 교체돼 현재 재배면적의 70%를 카스티 조 품종과 콜롬비아 품종이 차지하고, 나머지 30%가 카투 라 품종 등이다.

정제 ········ 워시드

건조 ········ 천일건조

개요

세계 생산량 3위를 자랑하는 메이저 생산국입니다. 고도가 높은 훌륭한 생산 지임에도 불구하고, 정치정세가 불안해 오랫동안 풍미 불안정을 겪었습니다. 그 러나 2010년 이후 서서히 정세가 안정 되고 FNC(콜롬비아생산자연합회)의 농가 지원 협력, 수출회사exporter의 산지개척 이 이어지며 윌라huila, 나리뇨narino현 등 남부지역에서 품질이 뛰어난 커피가 유 통되기 시작했습니다. 그 외 산탄데르 Santander, 톨리마Tolima, 카우카cauca 등 주 요 생산지가 있습니다.

톨리마현

나리뇨현

2009년부터 확산한 녹병의 영향으로 2012년에는 770만bag까지 생산량이 떨어져, 생두 거래가격 급등의 원인이 되었습니다. 세니카페CENICAFE(콜롬비아커피연구센터)는 녹병에 강한 카스티조 품종 등을 개발해 농가에 보급했고, 이런 노력 덕에 2015년 생산량이 1,400만bag까지 회복된 후 생산량은 안정되고 있습니다.

등급

수출등급은 스크린 사이즈가 가장 큰 수프레모(S17 이상, S16~14 혼입 최대 5%까지 허용)와 엑셀소(S16, S15~14 혼입 최대 5%까지 허용) 등으로 구분, S14 이상만 수출합니다. 또 결점두 혼입량, 이취 유무, 벌레 혼입, 색의 균일성, 수분함유량, 클린컵 등으로도 판정됩니다. SP로 유통되는 주요 생두는 S16 이상으로 생산 현, 농원 명, 품종 등 생산이력을 알 수 있는 것입니다.

콜롬비아 커피의 기본 풍미

북부의 세사르현Cesar과 노르테데 산탄데르Norte de Santander 등에는 티피카 품종이 조금 재배되며, 산뜻한 감귤의 산미가 느껴집니다. 남부 윌라Huila현 커피는 오렌지 같은 산으로 명확한 바디와 농축감이 있으며, 풍미의 밸런스가 좋습니다. 나리뇨현 커피는 레몬 같은 강한 산미와 명확한 바디감이 있습니다.

완숙한 체리만 수확

농원의 묘상

관능평가

아래 그래프는 콜롬비아의 월라산 SP 3종과 CO 3종의 총산량 및 지질량을 비교한 것입니다. SP는 총산량, 총지질량이 CO보다 많은 경향을 보입니다. 총산량은 산미Acidity의 질에, 총지질량은 매끄러움과 바디body에 영향을 주는 것으로 보입니다. 테이스팅 세미나 패널(n=16)의 관능평가 점수와 총산량+총지질량 사이에는 r=0.9815의 높은 상관성이 보입니다.

콜롬비아 월라산 지질량과 관능평가

	SP1	SP2	SP3	CO1	CO2	CO3
총산량 (ml/g)	6.89	7.29	7	6.5	6.41	6.8
지질량 (g/100g)	18.2	17.2	17	15.9	15.9	16.8
SCA	83	82.5	81	73	73.5	78

콜롬비아 커피는 산지에 따른 풍미의 다양성이 있으므로, 생산지역을 확인하고 마셔보기 바랍니다. 기본적으로 감귤계 과일의 산뜻한 산미와 적당한 바디감의 밸런스가 좋은, 마일드한 커피입니다.

건조

chapter3

페루
Peru

생산량(2021〜2022)
385만bag(60 kg/bag)

DATA

고도 ········· 1,500〜2,000m

농가 ········· 85%는 3ha 이하의 소농가

수확 ········· 3〜9월

품종 ········· 티피카 70%, 카투라 20% 외

정제 ········· 워시드

건조 ········· 천일건조, 기계

개요

페루의 커피 농가는 소규모 가족경영이 많으며, 85%는 3ha 이하의 소농가입니다. 시장에서는 그다지 눈에 띄지 않지만, 일본 수입량은 비교적 많은 나라입니다. 생산량도 중미 과테말라나 코스타리카를 넘어섭니다. 다만 고도가 높은 산지의 인프라가 부족해 생두 품질에 문제가 있었습니다.

2018년 8월 페루수출관광진흥회 Promperu가 페루의 커피 상표 'cafes del Peru(카페스 델 페루)'를 발표하며 커피 국가로서 페루의 이미지를 해외에 확산시키는 한편, 국내에서도 국산 커피 소비를 촉진하고 있습니다. 그 덕에 2010년 이후부터 고품질 콩의 새로운 산지로 인지되고 있습니다.

북부 카하마르카Cajamarca, 아마조나스Amazonas, 산 마틴San Martin 등 3개 현이 전국 생산량의 60% 이상을 점유합니다. 품종은 티피카 품종, 카투라 품종, 그 외 부르봉 품종 등이 재배되고 있습니다.

페루 커피농원

등급

워시드 커피의 등급은 결점두 선별을 중시합니다. 가장 엄격하게 하는 방법은 기계선별(비중 선별 및 스크린 선별) 후, 전자선별기에 돌리고 이후 핸드 소팅을 실시합니다ESHP, Electronic Sorted & Hand Pickked. SP의 경우 고유한 풍미의 특징이 요구됩니다.

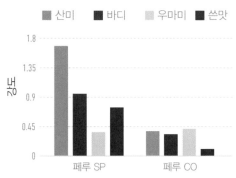

위 그래프는 페루 SP와 CO를 샘플링하여 미각센서에 돌린 결과입니다. SP는 산미와 바디, 쓴맛이 명확하지만, CO는 그 특징이 보이지 않았습니다.

관능평가

다양한 품종을 재배하는 농원의 콩으로, 매우 훌륭한 풍미였기 때문에 저의 평가를 게재합니다. 10년 전과 비교하면 같은 나라의 SP 품질로는 몰라보게 좋아졌지만, 시장유통량은 많지 않습니다. 생산이력이 명확한 페루 콩이 발견된다면 꼭 테스트해 보기 바랍니다.

페루 농원(2019–2020crop)

품종	로스팅	pH	SCA	관능평가
게이샤	H	5.1	88	게이샤다운 향미, 화사한 산미, 단 여운
티피카	C	5.2	92	플로랄, 클린하며 깔끔한 감귤계 과일의 산미
부르봉	C	5.2	90	명확한 산미와 선명하고 분명한 바디감
파카마라	C	5.2	87	로스팅이 강해서 약간 무겁지만, 화사한 과일감이 있음
카투라	FC	5.5	84	비터스위트의 여운이 입에 살짝 남는 인상

로스팅의 H는 하이로스트, C는 시티로스트, FC는 풀시티로스트.
SCA는 페이퍼드립으로 25g가루를 2분 30초에 240㎖ 추출하고, SCA 커핑폼으로 평가한 점수.

chapter4

코스타리카
Costa Rica

생산량(2021~2022)
147만bag(60kg/bag)

DATA

산지 ········ 타라주, 센트럴밸리, 웨스트밸리, 투리알바

품종 ········ 카투라, 카투아이, 비자사치

정제 ········ 소농가가 많음. 일부 대농원이지만, 현재는 마이크로 밀이 확대

수확 ········ 10~4월

정제 ········ 워시드, 허니프로세스

건조 ········ 천일건조, 드라이어

개요

　코스타리카는 2010년 이후 가장 눈부시게 변모하는 산지라 할 수 있습니다. 1990년대는 일본 내 인지도가 낮고, 과테말라에도 크게 뒤졌습니다.

　코스타리카에서는 타라주Tarrazu의 도타농협, 웨스트밸리west valley의 팔마레스농협 등 대형 농협조직이 발달해 생산자는 체리를 농협 산하 밀(수세가공장)에 가져와 대량생산하는 구조였습니다. 각 지역에 농협조직을 둔 생산지로서 중미 국가들 중에서는 가장 효율적으로 생산을 하는 곳이었습니다.

　그런데 2000년 이후 이카페ICAFA, Instituto del Café de Costa Rica(코스타리카

커피협회)는 타라주, 센트럴밸리Central vally, 웨스트밸리, 투리알바Turrialba, 트레리오스Tres Rios, 오로시Orosi, 브룬카Brunca 등 생산지구로 구분해 소비국에 산지를 소개하고 있습니다.

웨스트밸리의 대규모 농원

등급

코스타리카산 등급은 고도와 생산지구로 결정됩니다. 유명한 타라주는 고도가 높아 대부분 SHBStrictly Hard Bean(1,200~1,700m)가 됩니다. 최대 생산지인 웨스트밸리는 GHBGood Hard Bean(1,200~1,500m)가 됩니다. 단, 최근 마이크로 밀은 보다 고도가 높은 곳으로 재배지구를 확산하고 있어서, 기존 등급은 그다지 의미 없는 듯합니다. SP는 품질이 매우 뛰어나 2022년 현재 세계 수입회사(인포터)와 로스터회사들의 주목을 받고 있습니다.

마이크로 밀의 탄생

2000-2001년 국제 커피가격 폭락(브라질, 베트남 생산량 증가 영향)으로 생산자가 충분한 수입을 얻을 수 없게 되자 전작과 이농이 증가했습니다. 코스타리카의 소농가는 손수 과육을 제거하고 건조가 가능한 개인 수세가공장을 만들어 부가가치가 높은 고품질 제품을 만들기 위해 노력했습니다. 이를 마이크로 밀Micro mill이라고 부릅니다.

1990년 이후 이카페가 추천해 온 카투라 품종이 생상량의 대부분을 차지하게 되었습니다만, 최근 몇 년간 마이크로 밀 생산자는 티피카, 게이샤, SL, 에티오피아계 품종 등 다양한 품종 재배를 시도하고 있습니다. 현재 200곳이 넘는 마이크로 밀은 고품질 커피 생산에 기여하고 있습니다.

2000년대 후반부터 이 마이크로 밀이 세계적으로 인지되면서, 생산자는 과육 제거기와 탈점액질기(뮤실리지 제거기) 등에 투자하는 식으로 대형 농협에 의존하지 않고 자유롭게 커피를 만들기 시작한 것입니다.

과육제거기

관능평가

코스타리카 마이크로 밀 콩의
이화학적 수치와 관능평가(2018-2019crop)

생산지역	pH	지질	산가	자당	SCA	관능평가
웨스트밸리	4.95	17.2	1.91	7.90	87.5	혀의 감촉이 좋은 점성이 있음
타라주	4.90	16.4	3.43	7.85	85.25	감귤계 과일의 단맛과 산미

* SCA 는 SCA 방식에 의한 점수

위의 표는 마이크로 밀의 콩을 분석한 수치와 관능평가 결과입니다. pH는 수치가 낮으면 산미가 강하고, 산가는 수치가 낮은 쪽이 지질의 산화(열화)가 적다는 것을 의미합니다. 지질, 자당은 수치가 클수록 성분량(g/100g)이 많은 것을 의미합니다. 웨스트밸리 커피는 지질량, 자당량이 많고, 지질의 열화가 적으므로 관능평가 점수도 높을 것으로 예측됩니다.

코스타리카 마이크로 밀 생산자는 펄프드 내추럴 정제법을 도입해 허니 프로세스라고도 불리고 있습니다. 이 방법은 많은 생산국에 영향을 주었고, 추종하는 생산자도 늘고 있습니다.

품질관리

> ### 코스타리카 커피의 기본 풍미
>
> 코스타리카산 마이크로 밀의 콩은 고품질 SP로 유통되므로 강력 추천합니다. 산미가 명확하고 바디도 탄탄하며, 향미가 풍부합니다.

과테말라
Guatemala

생산량(2021~2022)
377만 8,000bag(60kg/bag)

DATA

고도 ········· 600~2,000m

산지 ········· 안티구아, 아카테낭고, 아티틀란, 우에우에테낭고 등

품종 ········· 부르봉, 카투라, 카투아이, 파체, 파카마라

정제·건조 ··· 워시드, 콘크리트, 벽돌 등 건조장에서 천일건조

수확 ········· 11~4월

수출규격 ···· SHBStrictly Hard Bean(1,400m 이상), HBHard Bean(1,225-1,400m)

개요

과테말라 아나카페*ANA CAFÉ, Asociacion Nacional del Café(과테말라커피협회)는 2000년대 초반부터 자국 산지의 특징에 대해 소비국에 적극적인 세일즈 프로모션을 진행했습니다. 현재는 주요 생산지역이 안티구아Antigua, 아카테낭고Acatenango, 아티틀란Atitlan, 코반Coban, 우에우에테낭고Huehuetenango, 프라이하네스Fraijanes, 산마르코스San Marcos, 누에보 오리엔테Nuevo Oriente 등 8개로 구분됩니다.

안티구아
지역

아티틀란
지역

* 1960년 설립. 과테말라의 커피 부문을 대표하는 기관으로, 커피 정책을 입안·실시하며, 커피 생산과 수출진흥을 통해 국민경제를 강화하는 역할을 맡고 있습니다.

우에우에테낭고
지역

마이크로 밀의 탄생

특히 안티구아 지역은 아구아Agua, 푸에고Fuego, 아카테낭고 등 3개 화산에 둘러싸인 화산재 토양으로 그곳에서 생산된 훌륭한 커피가 높은 평가를 받아왔습니다. 이곳 커피는 가격이 비싸서 섞여 팔리는 사례도 많았습니다. 이에 농원 주들이 2000년 SPCA(안티구아생산자조합, 39개 농원으로 구성됨)를 조직, 진짜 안티구아산 커피 마대자루에는 'Genuine Antigua Coffee'라는 마크를 넣고 있습니다.

1996년 스타벅스*가 긴자에 일본 1호점을 낸 후 수년간 메뉴 보드에 과테말라 안티구아와 콜롬비아 나리뇨산 커피가 게재되어 있었습니다. 한편 오래된 도시 안티구아는 길에 돌이 깔려있고, 건물 벽들이 컬러풀하게 칠해진 관광지이기도 합니다.

*긴자점에 앞서 나리타공항에 직영점을 오픈했지만 철수했습니다.

관능평가

우에우에테낭고산 중에도 좋은 커피가 있습니다. 아래 그래프는 2021년에 개최된 엘 인헤르토El Injerto 농원의 인터넷 옥션 샘플을 미각센서에 돌려본 결과입니다. 이 농원의 파카마라 품종은 감귤계 과일의 산미에 라즈베리 잼의 단맛이 더해진 훌륭한 풍미였습니다.

> ### 과테말라 커피의 기본 풍미
>
> 안티구아산은 달달한 꽃향, 밝은 산미, 복잡한 바디감이 특징인 훌륭한 커피로, 부르봉 품종의 기본 풍미를 대표합니다. 최근에는 다양한 품종이 재배되고 있는데, 우선 안티구아 지역의 부르봉 풍미를 이해하는 것이 좋습니다.

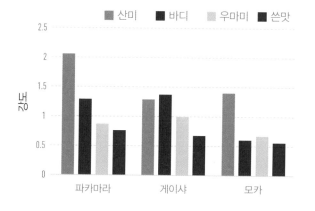

게이샤 품종은 파나마 에스메랄다 농원의 묘목을 이식한 것, 모카 품종은 매우 드문 작은 콩입니다. 테이스팅 세미나(n=20)에서 SCA 방식 평가점수는 파카마라 90점, 게이샤 88점, 모카 85점으로 높았으며 미각센서와 관계도 r=0.9998로 높은 상관관계를 보였습니다.

c h a p t e r 6

파나마
Panama

생산량(2021~2022)
11만 5,000 bag(60 kg/bag)

DATA

고도	1,200~2,000m
산지	보케테, 볼칸
품종	게이샤, 카투라, 카투아이, 티피카 외
정제·건조	워시드, 일부 내추럴
수확	11월~3월
수출등급	천일건조, 드라이어

개요

2004년 베스트 오브 파나마*Best of Panama에서 데뷔한 에스메랄다 농원의 게이샤 품종은 식으면 파인애플 주스 같은 풍미로 전 세계 커피업계에 충격을 주었습니다.

이후 파마나의 다른 생산자 및 파나마 이외 생산자도 이 품종에 관심을 보였고, 2010년대에는 많은 생산자가 게이샤를 재배하기에 이르렀습니다. 이로 인해 베스트 오브 파나마는 게이샤 품종 옥션으로 바뀌어 2020년 옥션에서는 SCA 방식으로 95점이라는 높은 점수를 받기도 했습니다. 게이샤 품종은 데뷔 이후 20년 가까운 역사를 써 내려가며 인지도를 높이고 있습니다.

특히 파나마의 보케테Boquete, 볼칸 Volcan 지역은 특이한 테루아를 지녀서 고품질 고부가가치 콩 생산에 특화되어 오고 있습니다. 다만 생산량이 적어 일본에 들어오는 콩은 극소량입니다.

*파나마커피협회가 주최하는 인터넷 옥션. SCA 방식으로 국내심사를 거쳐 국제심사원 평가에 의해 선택됩니다.

볼칸 지역의 농원

관능평가

아래 그래프는 베스트 오브 파나마의 5개 농원 워시드(W)의 게이샤 품종을 미각센서에 돌린 결과입니다. W1을 제외하면 풍미 패턴은 유사합니다. 옥션 점수는 W1=93.5, W2=93.5, W3=93, W4=93, W5=92.75로 모두 고득점입니다. 미각센서와 관능평가 사이에는 r=0.9308로 높은 상관관계를 보였습니다.

베스트 오브 파나마(2021crop) 워시드

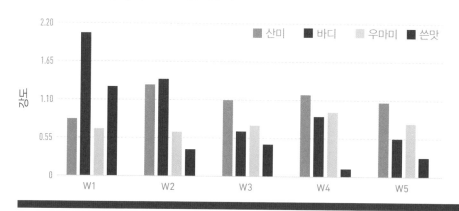

게이샤 품종

파나마산 게이샤 품종은 가격이 비싼 콩이지만, 과일의 화사한 풍미는 각별한 맛을 선사합니다. 기회가 된다면 꼭 체험해 보시기 바랍니다.

게이샤 품종 개화

게이샤 품종

chapter 7

엘살바도르
El Salvador

생산량(2021~2022)
50만 7,000 bag(60 kg/bag)

DATA

고도	1,000~1,800 m
산지	아파네카, 산타아나
재배	10~3월 그늘 재배가 대부분
품종	부르봉, 파카마라, 파체
정제	워시드
건조	천일건조

개요

오래된 부르봉 품종 나무가 많이 남아있는 귀중한 산지입니다. 또 파카마라 품종은 엘살바도르의 커피연구소에서 개발되어 2000년 이후 서서히 그 존재가 알려졌습니다. 세계적으로 확산한 것은 2005년 과테말라 컵 오브 엑셀런스COE, Cup of Excellence에서 파카마라가 1위를 차지한 이후부터입니다. 기존의 뛰어난 부르봉 품종은 감귤계 산미가 기본이지만, 파카마라 품종에는 라즈베리 같은 화사함이 더해집니다.

아파네카Apaneca, 산타아나Santa Ana

엘살바도르의 화산

등이 주요 산지이며, 주로 아파네카산 생두가 일본에 들어옵니다. 다만, 녹병의 피해도 많은 산지입니다. 부르봉 품종이 60%를 차지하고 그외 파카마라, 파체, 카투라 품종이 있습니다.

등급

Strictly High Grown은 1,200m 이상, High Grown은 900~1,200m, Central Standard는 500~900m로, 생산지 고도에 따라 등급을 구별합니다.

> **엘살바도르산 파카마라 품종의 기본 풍미**
>
> 풍미는 티피카 품종계의 실키하고 품위 있는 것, 부르봉 품종계의 바디에 화사한 과일 맛이 더해진 것 등 두 패턴이 있습니다. 우선 엘살바도르를 대표하는 파카마라 품종을 시도해보면 좋겠습니다. 좋은 커피는 실키한 단맛이 있으며, 종종 화사한 풍미를 느낄 수 있습니다.

관능평가

2019–2020crop 워시드를 샘플링해 관능평가한 결과를 아래 표로 정리했습니다. 또 미각센서에도 돌려보았습니다.

SCA 방식 점수는 테이스팅 세미나 참가자(n=16)의 평균점입니다. 이번 부르봉 품종은 약간 선도가 떨어졌습니다. 그 외에는 SP로 평가했습니다.

아래 그래프에서 보듯 미각센서 수치에서는 SL 품종의 산미 수치가 돌출되어 있습니다. 관능평가와 미각센서 사이에는 r=0.6397로 약간의 상관관계를 보였습니다.

엘살바도르(2019–2020crop)

품종	수분	pH	SCA	관능평가
부르봉	9.8	5.1	79	귤, 애프터에 약간 떫은맛, 풀 향
파카마라	9.9	5.1	88	화사함, 품위 있는 산미, 단 여운
SL	10.6	5.1	86	화사함, 미세한 발효, 와이니
마라고지페	10.6	5.1	82	특징이 약하지만 정돈된 맛

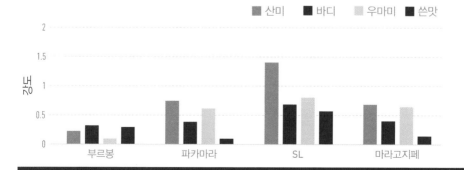

3 생산국별 커피를 이해한다
아프리카 편

화사한 풍미가 다양한 아프리카

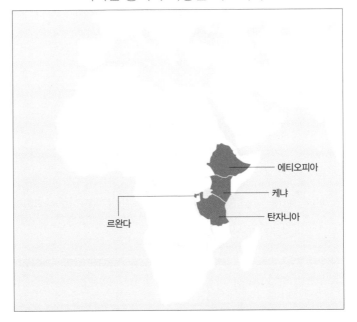

에티오피아
케냐
탄자니아
르완다

동아프리카 지역에서는 에티오피아, 케냐, 탄자니아, 르완다, 말라위, 우간다, 부룬디 등이 커피를 생산하고 있습니다. 그 외 사하라 사막 남쪽 서아프리카 지역의 기니, 코트디부아르, 토고, 내륙부의 중앙아프리카공화국, 콩고, 카메룬, 앙고라, 인도양의 마다가스카르 등 넓은 지역에서 커피가 재배됩니다. 동아프리카는 아라비카종 생산비율이 높은 경향이 있으며(단, 우간다는 카네포라종 생산이 많음), 중앙 · 서아프리카는 카네포라종 생산비율이 높은 산지입니다.

에티오피아
Ethiopia

커피 세레모니*

생산량(2021~2022)
763만 1,000 bag(60 kg/bag)

DATA

고도 ········· 1,900~2,000 m

산지 ········· 시다모, 예가체프, 하라, 짐마, 카파, 리무, 워레가

품종 ········· 재래계 품종

농가 ········· 소규모 농가(평균 0.5 ha)

수확 ········· 10~2월

정제 ········· CO는 대부분 내추럴, SP는 워시드와 내추럴이 있다

개요

일본에서는 예멘산뿐 아니라 일부 에티오피아산을 '모카'라고 부르기도 합니다. 하라 지역산은 '모카 하라'라는 이름으로도 유통되고 있습니다. 다만 시다모sidamo, 하라Harrar, 짐마Djima 등은 내추럴 정제가 많고, 결점두 혼입이나 발효의 풍미를 지닌 것도 적지 않은 듯합니다. 그럼에도 일본에서 에티오피아 커피는 인기가 높고, 범용품 대부분이 '모카 블렌드'로 사용됩니다.

* 커피 세레모니는 손님 접대를 위해, 커피를 의식화한 풍습으로 여성이 행합니다.

에티오피아는 자국 내에서도 커피를 많이 마시는 편입니다. 사진은 에티오피아 방문 당시 마신 에스프레소들.

등급

에티오피아 등급은 300g 중 결점두 수로 결정됩니다. G-1은 0~3결점, G-2는 4~12, G-3은 13~27, G-4는 28~45, G-5는 46~90입니다.

실제로는 등급 규정 이상으로 결점두가 많이 혼입되는 사례도 종종 눈에 띕니다. SP로 유통되는 콩은 보통 G-1, G-2 등급입니다.

에티오피아 커피 품질관리의 흐름

생두 샘플(좌) 생두 결점을 체크해(중) 스크린 사이즈를 측정(우)

샘플을 로스팅해(좌·중) 분쇄(우)

열수를 붓고, 풍미에 문제가 없는지 체크

예가체프 지역

1990년대 중반 예가체프Yirgacheffe의 워시드 G-2가 처음 일본에 극소량 수입되었을 때 구입했습니다. 당시 저는 에티오피아산 커피의 과일감을 처음 느끼고 충격을 받았습니다.

2000년대 들어 예가체프 지역의 새로운 스테이션(수세가공장)이 만들어지면서 과육 제거 공정에서 미숙과일 선별 능력이 향상되며 예가체프 G-2 워시드 유통량이 증가했고, 과일 같은 풍미가 서서히 인지도를 얻기 시작했습니다. 다만, 이 시기는 구입 가능한 샘플 수도 적고, 풍미가 안정성을 확보하지 못해 블렌딩 소스로 사용하기에는 어려운 면이 있었습니다. 생두를 구입하기까지는 상당한 시행착오가 있었습니다.

2010년대에 들어서면서 예가체프 워시드 G-1이 생겼고, 풍미 안정성이 현저하게 향상되었습니다.

또 2015년경부터 몇몇 스테이션에서

클린한 풍미의 내추럴 G-1을 만들어내기 시작했습니다. 에티오피아산 SP의 역사는 예가체프산 커피로 견인되었다고도 할 수 있습니다.

예가체프 스테이션, 내추럴 건조 공정

예가체프 커피의 기본 풍미

워시드 G-1은 향이 진하고 산미가 화사한 커피입니다. 감귤계 과일산 베이스에 블루베리, 레몬티 같은 특징이 더해집니다. 종종 멜론과 복숭아 등의 뉘앙스를 느끼기도 합니다. 달콤하고 긴 애프터테이스트가 특징입니다. 시티로스트에서 명확한 산과 함께 깊이 있는 바디감이 형성되며 밸런스가 좋아집니다. 프렌치로스트에서는 은은한 산과 쓴맛에 기분 좋게 달큰한 애프터테이스트를 느끼게 됩니다.

내추럴 G-1은 기존 내추럴과

는 근본적으로 다른 풍미가 있으며, G-4에서 보이는 발효취 등은 거의 없습니다. 화사한 과일감에 남프랑스의 레드와인 같은 풍미가 있습니다. 프렌치로스트에도 매끄러운 바디가 유지되며, 라즈베리 초콜릿이나 보졸레누보 같은 달콤한 딸기 맛이 느껴지기도 합니다.

에티오피아의 좋은 스페이션에서 생산한 G-1은 훌륭한 풍미를 보여주기 때문에 꼭 체험해 보시면 좋겠습니다.

아래 표는 에티오피아 수출회사에서 보내온 예가체프산 샘플을 관능평가하고, 이화학적 분석을 실시한 것입니다.

예가체프산 2019–2020crop의 이화학적 수치와 관능평가

샘플	pH	지질량	산가	자당	SCA	관능평가
Washed G-1	4.95	17.6	2.31	7.77	87.16	화사하고 잘 익은 과일, 클린함
Natural G-1	4.97	17.0	3.04	7.75	86.00	붉은 베리계, 레드와인의 풍미, 흐릿한 발효취가 있음
Natural G-4	5.05	16.00	6.82	7.44	73.52	혼탁함이 있는 잡미

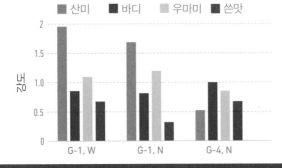

예가체프 스테이션, 워시드 건조공정

이 수치가 모든 예가체프를 대표하는 것은 아니지만, G-1은 훌륭한 풍미입니다. SCA 평가는 테이스팅 세미나 패널 n=24의 평균치입니다. G-1은 G-4에 비해 산미가 강하고, 바디와 단맛이 있으며(지질량, 자당이 많음), 혼탁함 없이 선도가 좋은 커피라고 할 수 있습니다. 관능평가 점수와 이화학적 수치(지질량+자당량) 사이에는 r=0.9705로 높은 상관관계를 보여, 이화학적 수치가 관능평가를 보완한다고 보입니다. 이 샘플의 경우, 워시드에서 훌륭한 풍미를 보였습니다.

에티오피아 행정구역은 광역 레지옹region과 제2레벨인 70개 전후의 존zone이 있으며, 그 아래 제3레벨 워레다woreda가 있습니다.

2020년 전후부터는 생산이력을 상세히 알 수 있는 에티오피아 커피도 입수할 수 있습니다. 짐마, 시다마Sidama, 구지Guji 존 등의 G-1 그레이드 커피를 즐길 수 있게 된 것입니다.

chapter 2

케냐
Kenya

생산량(2021~2022)
87만 1,000 bag(60 kg/bag)

DATA

산지 ········· 니에리, 키리냐가, 키암부, 무랑가, 엠부 등

품종 ········· 주로 SL28, SL34로 부르봉계 품종

농가 ········· 70%를 차지하는 소규모 농가는 완숙 체리를 팩토리(가공장)로 가져온다

수확 ········· 9~12월이 메인 크롭, 5~8월경이 서브 크롭

정제·건조 ··· 팩토리에서는 워시드 정제 후 아프리칸베드(건조대)에서 천일건조

수출등급 ···· AA=S17~18, AB=15~16, C=S14~15, PB=피베리

개요

1990년 이 일을 시작할 무렵 케냐산 커피는 산미가 강해서, 일본에서는 꺼리는 분위기였습니다. 당시는 자메이카산처럼 산미가 약하고 무겁지 않은 풍미의 커피가 인기있었습니다. 그 이후인 2000년대 초기 케냐의 몇몇 농원에서 생산한 과일감 넘치는 풍미에 충격을 받고, 나이로비 인근 키암부 지역의 여러 농원 콩을 사용했습니다. 또 2010년 전후부터 농협 팩토리(케냐의 수세가공장)의 고품질 콩을 수입할 수 있게 되면서 화사한 과일감이 있는 케냐 커피 쟁탈전이 벌어졌습니다.

생산지역은 니에리Nyeri, 키리냐가Kirinyaga, 키암부Kiambu, 무랑가Murang'a, 엠부Embu, 메루Meru 등입니다. 지역마다 농협이 있으며, 많은 팩토리로 구성되어 있습니다.

2000년대 초기 농원의 콩

품종	관능평가
무네네	최초로 구입한 케냐 콩, 강렬한 개성에 충격 받음
켄트 메아	경이롭게, 잘 익은 과일 향미와 산미, 바디감
게즘부이니	잘 익은 건조 프룬 같은 과일감과 스파이스
왕고	화사한 감귤계 과일의 산미에 잘 익은 과일의 풍미

이 당시에는 세계에서 가장 화사한 풍미를 지닌 커피였습니다.

소규모 농가

대규모 농가는 30% 정도, 소규모 농가가 70%(2ha 이하가 많음)로 대부분을 차지합니다. 주로 부르봉계 품종인 SL28과 SL34가 재배됩니다. 소농가는 완숙한 체리를 팩토리로 가져갑니다. 팩토리에서는 과육 제거 후 파치먼트를 건조대(아프리칸베드)에서 건조합니다. 케냐 수확기는 연 2회로 9~12월 메인 크롭 70%, 5~8월 서브 크롭 30% 정도를 생산합니다. 수확량의 비율은 매년 조금씩 달라집니다.

케냐 커피의 기본 풍미

케냐의 뛰어난 SL 품종에는 다른 곳에서는 볼 수 없는 다양한 과일의 산, 복잡한 바디감이 있으며, 강한 로스팅도 견뎌내는 훌륭한 커피입니다. 그 과일감은 감귤계 레몬, 오렌지와 적색 과일인 라즈베리와 프룬, 검은 과일인 포도 등으로 폭이 매우 넓습니다. 이런 특징이 알려지며 콜롬비아, 코스타리카 등에서도 SL 품종을 심는 사례가 늘고 있습니다.

농원

팩토리 건조

소농가 뒤뜰에 심기도 함

소농가의 가축

관능평가

과거 20년간 많은 케냐산 커피를 구입해 마셨습니다. 아래 표는 각 산지의 팩토리 커피입니다. 이 시기 케냐산 커피의 풍미는 게이샤 품종에 필적하는 화사함을 가진 콩이 많았으므로 게재합니다(팩토리 이름을 명기하지 않은 점 양해 바랍니다). 당시 SCAA 평가로 90점을 매길 수 있는 국제적 견해가 형성되지 않았지만,

매우 훌륭한 풍미였기 때문에 90점 이상을 부여했습니다. 다만, 같은 팩토리라도 생산 로트 및 생산연도에 따라 풍미 차이가 있었음을 밝혀둡니다.

케냐 생산지역의 팩토리 생두(2015-2016crop)

산지	관능평가	SCAA
키암부	산미와 바디의 안정적인 풍미, 오렌지의 달콤한 산미에 은은한 트로피컬 프루츠의 맛이 느껴짐	91.00
키리냐가	좋은 것은 오렌지에 자두 같은 붉은계 과일감이 있으며, 화사하고 클린하며 품위 있는 맛. 달콤한 여운으로 향도 높음.	92.50
니에리	꽃 같은 향. 레몬 향에 품위 있는 꿀 같은 단맛이 느껴짐.	90.00
엠부	밀감의 산미에 검은계 과일감이 섞여 복잡한 풍미를 만들어내고 있음	88.00

SCAA 점수는 테이스팅 세미나의 패널 45(n=45)의 평균치

케냐에서는 건조 후 드라이 파치먼트는 드라이 밀(정제공정)에서 비중 선별, 스크린 선별을 거쳐 마대에 포장합니다. 저는 품질 유지를 위해 진공포장 후 정온 컨테이너(리퍼컨테이너)로 수입하고 있습니다.

케냐산 SL 품종은 게이샤와 견주어도 밀리지 않는 과일의 풍미가 있으니, 기회가 되면 꼭 맛보시기 바랍니다.

파치먼트 탈각부터 선별, 포장까지 하는 드라이 밀.

chapter3

탄자니아
Tanzania

생산량(2021~2022)
108만 2,000bag(60kg/bag)

DATA

산지 ········· 북부산·남부산 아라비카종이 약 70%, 그 외 카네포라종

품종 ········· 부르봉, 아르샤, 블루마운틴, 켄트, N39

농가 ········· 전체 약 40만 생산농가가 있는 것으로 추정. 그 중 90%는 2ha 이내의 소규모 농가

수확 ········· 6~12월

정제·건조 ··· 워시드, 아프리칸베드(건조대)

수출등급 ···· 사이즈, 결점수로 AA, AB, PB(피베리)

개요

북부 주요산지는 카라츠karatu, 아르샤 Arusha, 모시Moshi 등 킬리만자로 산악지대에 위치하며 대규모 농원이 많고, 품질 좋은 커피가 생산됩니다. 파치먼트가 농원에서 모시의 드라이 밀로 보내지면 탈각, 선별을 거쳐 탄자니아의 항구인 다르에스살람Dar Es Salaam 항으로 운반됩니다.

남부지역의 음베야Mbeya, 음빙가 Mbinga 및 서부지역의 키고마Kigoma는 소농가가 많고 과거 적절한 커피 재배가 이루어지지 않던 곳이었지만, 탄자니아 전체 수확량의 40%가량을 차지하고 있습니다. 2000년 탄자니아 커피의 품질과 생산성 향상을 위해 적절한 기술을 개발

하고, 세계시장에서 자국 커피 경쟁력을 높여 농가 수입을 늘리고 생산자 생활을 개선하자는 목표 아래 TaCRITanzania Coffee Research Institute(탄자니아커피연구소)가 개설되었습니다.

2010년 이후는 농협의 가공장인 CPUCentral Pulperly Unit에 체리를 가져오는 방식도 늘고 있어서, 고품질 커피가 안정적으로 생산되고 있습니다.

탄자니아의 농원

등급

등급은 주로 스크린 사이즈로 결정되며 AA는 6.75mm(S17) 이상, A는 6.25~6.75(S16)입니다. 일본에서는 주로 탄자니아산 아라비카종을 '킬리만자로'라는 이름으로 판매하지만, SP의 경우 농장이나 수출회사의 이름이 표시됩니다.

> ### 탄자니아 커피의 기본 풍미
>
> 대부분 부르봉 품종계이지만 켄트종, 아르샤종 등과 교접해 나무 형상만으로는 알기 어렵습니다. 기본 풍미는 자몽처럼 약간 쓴맛을 동반한 산미가 납니다. 과일감은 그다지 강하지 않지만 바디감도 약한 편이라 마일드하고, 마시기 편안한 커피라고 할 수 있습니다.

나무의 가지치기

관능평가

아래 표는 탄자니아 각 지역 콩을 샘플링해 테이스팅세미나(n=20)에서 관능평가한 것입니다. 케냐에 비하면 특징은 약하고, SCA 방식으로 85점을 넘는 커피는 적습니다.

탄자니아(2019–2020crop)

지역 · 품명	품종	pH	관능평가	SCA
카라즈	부르봉	4.85	오렌지의 달콤한 산미, 매끄러운 혀 감촉	87.00
응고롱고로	부르봉	4.90	개성이 강하지 않지만 매끄럽고 마시기 편함	83.00
아르샤	부르봉	4.95	밸런스가 잡힌 마일드한 타입	81.50
키고마	불명	5.00	묵직한 풍미, 신선도에서 열화감을 느낌	75.50
음빙가	불명	5.02	북부산에 비해 약간 혼탁함을 느낌	79.25
AA	불명	5.02	결점두 혼입이 많고, 혼탁함과 떫은맛을 느낌	70.00

chapter 4

르완다
Rwanda

DATA

고도 ········· 1,500~1,900m

재배 ········· 2~6월

품종 ········· 부르봉

정제 ········· 워시드, 내추럴, 아프리칸베드

건조 ········· 천일건조

생산량(2021~2022)
30만 1,000 bag(60 kg/bag)

개요

르완다는 콩고민주공화국 국경에 인접한 나라로 마운틴고릴라가 유명해 관련 투어로 인기가 높습니다. 르완다 커피는 1900년대 초 독일인에 의해 도입되었습니다. 르완다에서 일어난 제노사이드*(1994) 직후인 1995년부터 부흥이 진행돼 농가당 600그루의 커피나무를 심었다고 합니다. 그러나 당시에는 농가가 파치먼트까지 만들어 중계인에게 파는 시스템으로 품질이 나빠서, 정부가 CWSCoffee Washing Station 마련을 추진하기 시작했습니다.

2004년부터 USAIDUnited States Agency for International Development(국제개발처. 대외원조를 담당하는 미국의 정부기관)가 CWS 설치에 적극적으로 나선 결과 2010년

187, 2015년 299, 2017년에는 349개소로 증가해 품질향상을 도모했습니다. 현재 전국적으로 약 40만 개 소규모 농가**가 커피를 생산하며 생계를 꾸려가는 것으로 알려져 있습니다.

* 1994년 4월, 후투족과 투치족 간에 일어난 종족 분쟁.
** JICA, 르완다 공화국 커피 재배·유통에 관한 정보수집. 확인조사보고서

키부호수 인근 스테이션

생산지역은 서부의 키부호수Lake Kivu 주변을 비롯해 냉랭하고 고도가 높은 북부와 남부지역으로 이어집니다.

저는 르완다산 생두 조달이 가능해진 2000년대 중반부터 매년 사용하고 있습니다만, 한 톨이라도 섞이면 분명하게 알 수 있는 포테이토취(생감자나 우엉 같은 구근이 상한 냄새로, 안테스티아(노린재)가 원인이라고 추정됨)가 있어서 사용에 주의가 필요했습니다. 로스팅하는 순간 냄새가 풍기며, 선별이 고생스러워서 사용

르완다 커피의 기본 풍미

에티오피아 워시드 같은 과일감은 없지만, 부르봉 품종의 특성을 지닌 산미와 바디의 밸런스가 좋은 마일드한 풍미입니다. 좋은 것은 과테말라 안티구아 커피에 가까우며 부르봉의 산미를 확인하기에 좋은 콩이라고 생각합니다.

량을 늘릴 수 없었습니다. 다만 최근에는 포테이토취가 없어지는 추세라 자주 사용하는 편입니다. 품질향상이 눈에 띄는 데다 산미와 바디의 밸런스가 좋은 커피이므로 시음해 보기를 권합니다.

관능평가

아래 표는 2012년에 설립된 CEPARCoffee Exporters and Processors Association of Rwanda(르완다 34개 커피수출업자 및 가공업자협회) 등의 옥션 저지 점수 및 미각센서에 돌린 결과입니다.

그래프를 보면, W1(워시드)는 산이 강해서 평가가 높게 나온 듯합니다. W3와 W4는 산미가 강하지만 바디가 없고, W5는 산미가 약하기 때문에 낮은 평가를 받은 것으로 추정됩니다. 미각센서치와 관능평가 간에는 r=0.8563의 높은 상관관계를 보였습니다.

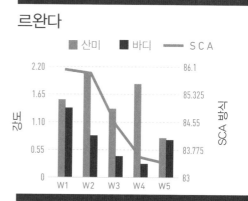

4 생산국별 커피를 이해한다

카리브해 제도

커피 전파의 역사가 오래된 카리브해 섬들

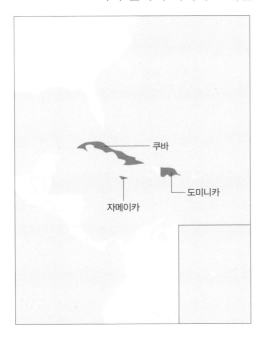

쿠바

도미니카

자메이카

제가 이 일을 시작했던 1990년에는 세계 커피 생산지역을 중미, 남미, 아시아, 아프리카 그리고 카리브해 제도로 분류했습니다. 카리브해 섬들인 자메이카, 쿠바, 아이티, 도미니카, 푸에르토리코 등은 티피카 품종계 커피 생산지로서 존재감을 지니고 있었습니다. 그 풍미를 체험할 기회는 적었지만, 커피가 전파된 역사도 오래되고 커피 재배에서도 귀중한 생산지입니다.

아라비카종과 티피카종의 전파

에티오피아 원산 아라비카종은 아라비아반도 예멘의 모카항(현재는 황폐해짐)에서 전파되었습니다.

1658년 동인도회사가 실론(현재의 스리랑카)에서 재배를 시작한 후 1699년부터 커피 생산이 본격화했으나, 1869년에 발생한 녹병으로 커피는 괴멸하고 홍차 재배지로 바뀌게 되었습니다. 동인도회사는 1699년에 인도 마라바르에서 자바java로 커피를 가져가 그 후 정착했습니다. 그러나 1880년 이후 녹병으로 타격을 받은 뒤 카네포라종이 도입되었습니다. 이것이 현재 WIBWest Indische Bereiding이라고 불리는 자바 로부스타입니다. 자바섬의 아라비카종은 1706년 암스테르담 식물원에 보내졌고, 그곳에서 자란 묘목이 1714년에 프랑스 루이 14세에게 넘어간 후 파리식물원Jardin des

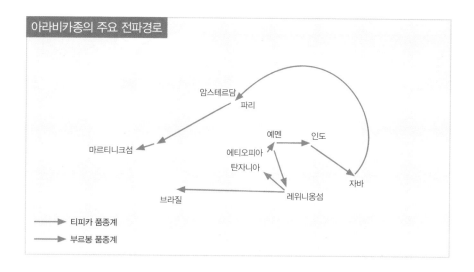

아라비카종의 주요 전파경로

암스테르담
파리
마르티니크섬
예멘
인도
에티오피아
탄자니아
자바
브라질
레위니옹섬

➤ 티피카 품종계
➤ 부르봉 품종계

Plantes에서 재배되었습니다. 이 나무가 1723년 카리브해의 프랑스령 마르티니크Martinique 섬에 옮겨진 것입니다.

이 항해 당시 프랑스 해군장교 가브리엘 드 클리유Gabriel de Clieu가 마실 물을 아껴 나무에 주었다는 일화가 전해집니다. 이 이야기는 이후 선교사들에 의해 여러 산지로* 전파되었습니다.

카리브해의 섬들로부터 전파된 커피가 티피카 품종이라 불리는 것입니다. 각 생산지에 이 품종의 자손이 아직도 남아있지만, 생산량이 워낙 적고 녹병에 약해서 이후 다양한 품종으로 교체됐습니다. 현재 이 섬들은 허리케인 피해 등으로 생산성이 저하되고 있습니다. 2000년 이후에는 자메이카산 외에 일본으로 유통되는 콩은 눈에 띄지 않습니다.

자메이카의 생산량은 원래 적어서 2019-2020crop(수확년)은 2만 3,000bag에 불과했습니다. 그러나 블루마운틴으로 유명한 생산지라 일본에서는 많이 유통되었습니다. 도미니카 생산량은 1990-1991crop 88만bag에서 2019-2020crop에는 40만 2,000bag으로 반감했고, 쿠바 생산량은 1990-1991crop 41만 4,000bag에서 2019-20crop 13만bag으로 대폭 감속했습니다.

이들 카리브해 제도 티피카 품종의 풍미는 콩질이 부드러워서 은은하고 편안한 산미에다 바디는 약하며, 약한 단맛이 남는 인상이지만 최근 각 섬의 커피 풍미는 변화하고 있는 듯합니다.

* 1725년 아이티, 1730년 자메이카, 1748년 도미니카와 쿠바, 1755년에 마르티니크섬에서 푸에르토리코로 전파되어 갔습니다. 그리고 이 섬들로부터 과테말라, 코스타리카, 베네수엘라, 콜롬비아로 전파되었습니다.

자메이카
Jamaica

DATA

고도	800~1200m
재배	11~3월
품종	티피카, 부르봉
정제	워시드
건조	천일건조

생산량(2021~2022)
2만 3,000bag(60kg/bag)

chapter1

개요

현재 카리브해 섬 중 티피카 품종의 주요산지로는 자메이카가 유일합니다. 다른 섬들의 근황은 자세히 알려지지 않고 있습니다.

자메이카산은 게이샤 품종이 유통되기 전까지 비싼 콩의 대표주자였지만, 섬유질이 부드러워서 생두의 경시변화가 빠른 경향이 있습니다. 블루마운틴을 생산하는 고도 1,000m 전후 블루마운틴 지역에서는 과거 소농가가 체리를 메이비스뱅크Mavis Bank, 월렌포드Wallenford 등으로 가져가 정제공장에서 가공한 후 수출했습니다. 따라서 정제공장 이름으로 유통되었지만, 현재는 농원 명으로 유통되고 있습니다.

현재 세계적으로 과일 풍미가 있는 콩을 요구하는 목소리가 높아지면서 은은한 블루마운틴 풍미와 고급품이라는 기존 이미지만으로는 높은 가격을 유지할 수 없게 되었고, 오랫동안 많은 양을 사용하던 일본의 수입량도 감소 추세입니다. 또 상위 등급인 No.1(오크통으로 출하) 수입량은 감소하고, 하위 등급인 '셀렉트' 사이즈가 혼입된 마대자루 포장 비율이 늘고 있습니다.

최근 일본의 커피 유통에도 변화가 생기기 시작했습니다. 일본의 커피 총수입량은 2019년 413만bag(60kg/1bag)에서 2021년 334만 8,000bag으로 감소 추세입니다.

개요

블루마운틴은 블루마운틴 지역에서 재배된 콩을 말하며, 블루마운틴 No.1은 스크린 사이즈17~18이 최소 96% 이상인 콩을 말합니다. 사이즈가 작아지면 No.2와 No.3 그리고 PB(피베리) 등으로 등급을 나눕니다. 블루마운틴 지역 이외에서 재배된 콩은 하이마운틴High Mountain이라는 이름이 붙고, 가격은 저렴해집니다.

블루마운틴 커피의 기본 풍미

과거 블루마운틴에는 많은 소농가의 콩이 섞여 있었으며, 비교적 은은한 산미와 실키한 풍미였습니다. 2010년경부터 고도가 높은 농원 단위의 콩이 유통되면서 약간 산미가 있는 풍미로 변화하는 추세입니다. 바디가 약해서, 강배전 로스팅은 어울리지 않습니다.

관능평가

본래 실키하고 단 여운이 있는 콩이지만, 콩의 섬유질이 부드러워 열화(건초 맛)가 빠르고 깨끗한 블루그린 생두는 거의 볼 수 없는 실정입니다. 현재는 과일감이 있는 콩을 고평가하는 추세여서, 연질로 마일드한 블루마운틴은 높게 평가하지는 않습니다. 그럼에도 전통적인 부가가치를 중시하는 커피 관계자도 많은 듯합니다.

블루마운틴 생산

완숙한 체리를 수확해 물에 담가 뜨는 부유물 등을 제거한 후, 과육을 벗겨냅니다.

발효조에서 점액질을 제거한 뒤 천일건조하고, 선별 후 No.1, No.2, No.3, PB를 오크통에 담습니다.

쿠바
Cuba

DATA

품종 ········· 티피카, 카투라

정제 ········· 워시드

건조 ········· 천일건조

수출등급 ···· ELT(S18), TL(S17), AL(S16)

생산량(2021〜2022)
10만bag(60kg/bag)

개요

쿠바 커피의 역사는 1748년 아이티에서 종자를 가져오며 시작되었습니다. 그 후 커피농원이 섬 전체로 확산해 대표적인 농작물 중 하나로 발전했습니다. 제가 개업했던 1990년 이후 7~8년간, 쿠바산 고급품으로 알려져 있던 '크리스탈 마운틴'(쿠바 수출 규격에 의거하면 티피카 품종으로 S18~19인 콩)을 구입해 사용한 적이 있습니다. 자메이카 블루마운틴보다는 가격이 쌌지만, 그럼에도 다른 산지에 비하면 비싸고 15kg의 오크통에 들어있었습니다.

연질의 콩이었으며, 부드러운 산미가 있고 바디는 약했습니다. 자메이카산처럼 연질이라 경시변화가 빠르고, 상태가 나빠지면 건초 맛에 지배됩니다. 2000년대 이전을 대표하는 마일드 타입의 풍미라고 할 수 있었습니다.

2000년대에 들어서며 티피카 품종 외 다른 품종 재배가 늘면서 품질의 안정성이 떨어진 듯합니다. 다른 생산국의 뛰어난 커피도 조달할 수 있는 시대가 되면서 서서히 쿠바산의 존재감이 흐려졌고 저 역시 사용을 중단했습니다.

티피카 품종은 재배면적당 생산량이 적고 녹병에 약하지만, 이 품종을 소중히 다루거나 다른 품종일지라도 워시드 정제로 커피를 만드는 등 대책을 마련하지 않는 한 쿠바산은 경쟁력을 확보하지 못할 듯합니다. 옛날처럼 사이즈가 균일하고 깨끗한 그린의 생두를 다시 보고 싶습니다.

chapter3

도미니카
Dominica

DATA

생산지 ······· 시바오, 바라오나

품종 ········· 카투라, 티피카, 카투아이

정제 ········· 워시드

건조 ········ 천일건조

생산량(2021~2022)
40만 2,000 bag(60 kg/bag)

개요

과거 20년간 연간 생산량은 35만~40만bag 전후를 유지해왔습니다. 허리케인의 직격타를 자주 받는 섬입니다. 국내소비가 많고 수출량은 적기 때문에, 일본에서의 유통도 소량입니다.

티피카 품종 생산지인 바라오나 Barahona 지역이 커피로 유명했지만, 현재는 수확량이 매우 적고 좋은 품질을 찾기도 어려운 상태입니다. 현재 주요생산지로는 왜소 품종인 카투라가 많이 재배되는 시바오Cibao 지역 등이 있습니다. 다른 카리브해의 섬들처럼 3ha 미만 소농가가 많습니다.

2009년 이후 수년간 훌륭한 풍미의 카투라 품종을 사용했지만, 수입상 문제를 겪으며 구입을 단념했습니다.

화사하고 깔끔한 산미, 적당한 바디감, 부드럽게 단 애프터테이스트로 볼 때 훌륭한 부르봉 품종같았습니다.

카투라 품종

하와이(하와이코나)
Hawaii

DATA

품종 ········· 티피카, 카투라

정제 ········· 워시드

건조 ········· 천일건조, 기계

수출등급 ···· 엑스트라 팬시, 팬시, 피베리

하와이의 경우, 티피카계 품종 생산지이기 때문에 '카리브해 제도'의 구분에 넣었습니다.

생산량(2021~2022)
10만bag(60kg/bag)

개요

코나 지역은 하와이섬 서부 일대로, 커피벨트 안에서도 높은 위도에 위치하며 농원의 고도는 600m 전후로, 중미의 1,200m 기후에 가깝습니다. 이곳은 오후에 흐린 날이 많아서 셰이드트리가 필요 없습니다. 평지는 비가 적고 산에만 비가 내려 커피 재배에 적합합니다. 반면 습도가 높아 체리에 곰팡이가 생기기 쉬운 환경이라 하와이 농무성은 여러 생산국 중에서도 가장 엄격하게 품질을 관리합니다.

수출규격은 엑스트라 팬시(EF), 팬시(F), No.1 순이며 피베리도 진귀하게 취급합니다. 스크린 사이즈19의 큰 사이즈도 많고, 1990년대와 2000년대의 엑스트라 팬시extra Fancy는 알이 큰 블루그린 콩이 많고, 반할 정도로 깨끗했습니다.

그러나 2014년의 베리보러berry borer(커피체리 안에서 부화해 열매를 먹어치우는 천공벌레) 피해, 2018년의 화산 분화, 그 후 녹병에 의해 생산량이 격감하면서 2022년 현재 일본 수입은 극단적으로 감소했습니다. 하와이코나의 전통적인 티피카 풍미를 체험하기는 점점 어려워지고 있습니다.

하와이 농원

관능평가 하와이코나 농원으로부터 직접 공수하던 시기 콩의 데이터를 참고용으로 게재합니다. 티피카 품종의 견본처럼 좋은 콩이었습니다.

하와이코나(2003–2004crop)

지역	등급	관능평가
엑스트라 팬시	EF	훌륭한 블루그린 생두, 명확한 산미
팬시	F	밝은 산의 매끄러운 바디, 기본적인 티피카 품종의 풍미
피베리	PB	산미, 단맛이 있으며, 매끄러운 혀의 감촉.

또 2021–2022crop으로 품질이 좋다고 생각되는 하와이코나 EF를 3종 공수하여 관능평가하고 미각센서에 돌렸습니다. 비교를 위해 파나마 게이샤 품종을 넣었습니다.

파나마산 게이샤는 산미가 강하고 바디도 있으며, SCA 방식 점수는 87점으로 고득점이었습니다. 반면 하와이코나는 1이 80.5, 2가 81.50, 3이 81.50점으로 전성기의 평가보다는 낮았습니다. 3종 모두 단맛이 있고 마일드했지만, 산미는 약하고 풍미의 윤곽 역시 약했습니다. 관능평가와 미각센서 사이에는 r=0.9499로 높은 상관이 보였습니다.

하와이의 수령 100년 커피나무

하와이코나 티피카 품종(2021–2022crop)

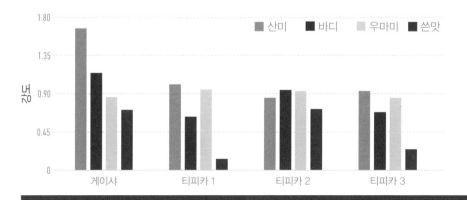

5 생산국별 커피를 이해한다
아시아권 편

생산량·소비량 모두 증가 추세에 있는 아시아권

아시아(오세아니아)의 커피 생산량 및 소비량은 증가 추세에 있습니다. 베트남은 세계 2위 생산국, 인도네시아는 4위 생산국입니다. 이들 외에도 아시아권에는 많은 생산국이 있습니다.

아시아의 많은 국가들은 녹병으로 큰 피해를 입은 후 카네포라종으로 교체되었습니다. 아라비카종이 카티모르계 품종으로 교체된 사례도 많습니다. 따라서 고품질 상품으로 평가받지 못했습니다.

그러나 경제발전과 함께 커피숍이 늘고 각국의 국내소비가 상승 중이며, 좋은 품질을 지향하는 생산자가 생겨나기 시작했습니다. 다만 태국, 미얀마, 라오스 등 많은 생산국은 수출항 인프라 등의 어려움으로 인해 품질 유지 대책이 필요한 실정입니다. 이들 국가의 커피를 접할 기회는 많지 않지만, 향후 5~10년간 큰 발전을 이룰 가능성이 있습니다.

아시아권의 대략적인 소비량(2020-2021)은 일본이 가장 많은 738만 6,000bag, 한국은 290만bag(데이터가 없으므로 추정)입니다. 중국은 가까운 미래에 일본의 소비량을 뛰어넘을 것으로 예상됩니다. 인도네시아가 500만bag, 필리핀이 331만 2,000bag, 베트남이 270만bag, 인도가 148만 5,000bag입니다. 중국은 이미 300만bag으로 추정되고 있습니다. 단 아시아권에서는 아직 SP 사용량이 적다고 추정됩니다.

chapter1

인도네시아
Indonesia

생산량(2021~2022)
1,155만 4,000 bag(60 kg/bag)

DATA

산지	수마트라, 슬라웨시, 발리, 자바
품종	아라비카, 카네포라
농가	소농가가 대부분
수확	메인은 10~6월이지만 연중 계속해서 수확함
정제·건조	다른 생산국과 다르게 생두를 건조
수출등급	G-1은 결점 11점 까지/300 g, G-2는 11~25, G-3은 26~44결점

개요

인도네시아는 세계 4위의 커피 생산국이지만, 과거 녹병으로 괴멸적인 타격을 받은 후 많은 산지에서 카네포라종(로부스타종)으로 교체되었습니다. 현재 아라비카종 10%, 카네포라종 90%이며, 수마트라와 슬라웨시, 발리에서 아라비카종을 재배하고 있습니다. 수마트라가 인도네시아 전체 생산량의 70% 정도를 차지하는데, 이곳의 아라비카종은 '만델린'이라고 불립니다. 선주민 만델린족 혹은 그 지명Mandailing Natal을 따서 수출업자가 만델린이라고 붙인 듯합니다.

수마트라의 주요생산지는 북부 린톤과 아체 지역으로 10월~2월이 메인 수확기지만, 다른 시기에도 수확하고 있습니다. 해충인 베리보러 피해도 눈에 띄기 시작해 재래종계 고품질 콩을 찾는 것은 점점 더 어려워지고 있습니다.

수마트라 도바 호수

린톤 지역의 농가

등급

등급은 300g 중 결점두 수로 결정되며 G-1은 최대 11결점, G-2는 12~25, G-3은 26~44결점입니다. 평가가 높은 콩에는 'oo 만델린'처럼 수출·수입회사의 브랜드명이 붙는 사례가 많습니다.

생두의 핸드 소팅

풍미

수마트라의 풍미는 다른 생산국에는 없는, 수마트라식이라고 불리는 독특한 정제법에 의해 만들어지는 듯합니다. 그 방법을 현지에서 직접 확인한 것은 2000년대 중반 린톤 지역을 조사하러 갔을 때부터입니다. 소농가는 그날 수확한 체리를 탈각해 반나절~하루 건조한 웨트 파치먼트커피(충분히 건조하지 않은 상태)를 브로커에게 판매합니다. 브로커는 파치먼트를 탈각한 후 생두를 천일건조해 파는 것이 일반적입니다. 이른 시일 안에 현금화시킨다는 장점도 있지만, 비가 많이 오는 지역이어서 생두 상태로 빨리 건조하기 위해 채택된 방법으로, 이것이 독특한 풍미를 만들어냅니다.

저는 만델린 재래종계를 재배하는 특정 농가의 콩을, 특별한 사양(건조대에서 건조, 특별한 핸드 소팅 등)으로 20년 이상 사용해 왔습니다.

만델린 커피의 기본 풍미

만델린 대부분은 카티모르 품종계로, 산이 약하고 약간 무거운 쓴맛이 느껴집니다. 반면 녹병에서 살아남은 재래종계 수마트라 티피카Sumatra typica는 산이 명확하고 매끄러운 감촉이 특징입니다. 품질 좋은 만델린은 레몬과 트로피컬 프루츠의 산, 싱싱한 풀, 히노키의 향이 있지만 수입 후 반년 이상 경과하면 약한 허브, 스파이스, 천연가죽 등 복잡한 향미도 나타납니다.

카티모르 품종(아텐 품종)

관능평가

린톤과 아체 지역의 수마트라 만델린 콩을 각 2종, G-1과 G-4 등급 합계 6종을 조달하여, pH와 총지질량을 측정했습니다. 이 샘플의 경우, 린톤 지역의 콩은 아체 지역 콩보다 pH가 낮고(산이 강함) 지질량이 많았으며, 풍미가 보다 명확합니다. 또 린톤 및 아체 콩은 G-1, G-4에 비해 산이 강하고 지질량이 많아 SP로 평가할 수 있습니다. 그중에서도 린톤 1은 지질량이 많고 만델린다운 매끄러움이 있습니다.

2020-2021crop 지질량과 pH

발리 등 다른 섬의 콩

발리에서도 아라비카종이 재배되고 있습니다. 인도네시아에서는 드문 워시드 정제법입니다. 부드러운 산미와 약한 바디가 있으며, 차분한 밸런스의 커피입니다. 그 외 슬라웨시, 자바, 플로렌스에서도 커피가 재배됩니다. 생산량이 많은 카네포라종은 AP 1After Polish One(내추럴), WIBWest Indies Preparation(워시드) 등이 유명합니다.

우선 세계에 유통되는 많은 커피들과 다른 개성적인 풍미로서 수마트라 재래종계 만델린의 맛을 기억하면 좋을 것 같습니다.

발리의 아라비카종

파푸아뉴기니
Papua New Guinea

DATA
고도 ········· 1,200~1,600m

재배 ········· 5~9월

품종 ········· 티피카, 아르샤, 카티모르

정제 ········· 워시드

건조 ········· 천일건조

생산량(2021~2022)
70만 8,000 bag(60 kg/bag)

개요

파푸아뉴기니PNG의 티피카 품종은 자메이카에서 이식된 것으로 알려져 있습니다. 소농가가 대부분이며 관리 불량과 인프라 부족 등으로 인해 품질의 안정성이 낮았으나 중규모 이상 농원들이 나서서 고품질 커피 시대를 이끌고 있습니다. 1990년대 마운트 하겐Mount Hagen 지역 농원의 콩은 블루그린의 훌륭한 콩이었습니다만, 2010년 이후 수요가 늘고 주변 소농가의 콩이 수출되면서 품질이 불안정해지기 시작했습니다. 2010년 이후 고로카Goroka 지구 커피도 수입했는데, 수확 연도에 따라 품질이 들쭉날쭉했습니다. 단, 티피카 품종이 많이 남아있는, 귀중한 생산국입니다.

티피카 품종

소농가 건조

관능평가　　PNG는 2002년에 처음 방문했던 생산국으로, 개인적인 추억이 있습니다. 당시의 '시그리 농원' 콩은 홀딱 반할 정도로 깨끗하고 은은한 녹색 풀의 향이 있어서, 티피카 품종의 견본 같았습니다. 당시 콩의 평가를 게재합니다.

파푸아뉴기니(2003–2004crop)

샘플	평가	SCAA
마운트하겐 농원	깨끗한 그린빈, 깨끗함 안에 녹색 풀의 향, 산뜻한 산미, 티피카 품종의 견본이 될 만한 품질	84.75
고로카 농원	깨끗한 생두, 산뜻하고 티피카다운 풍미	83.50
소농가	녹색 풀의 향, 미발효, 농원 콩에 비해 결점두가 많음	78.00

파푸아뉴기니(2021–2022crop)

샘플	수분치	pH	Brix	SCA	테이스팅
A 농원	10.4	4.92	1.5	81.0	산뜻한 산, 약간 무거운 맛, 유산, 녹초
B 농원	11.5	4.95	1.7	81.5	밝은 산, 약간 떫은맛
C 농원	12.3	4.94	1.6	81.5	오렌지, 크림, 요구르트, 약간 이취

2022년 시장에서 유통되는 신선도 좋은 3종류 생두를 샘플링해 제가 직접 테이스팅했습니다.

PNG 커피의 기본 풍미

　기본적인 풍미는 산미와 바디의 밸런스가 좋으며 은은하게 녹색 풀(좋은 풍미)을 느끼게 하는 티피카 품종의 전형적인 풍미입니다. 이 풍미는 자메이카산 및 콜롬비아 북부 막달리나Magdalena산 티피카 품종과 비슷합니다.

생두 핸드 소팅

동티모르
Timor-Leste

생산량(2021~2022)
10만bag(60 kg/bag)

DATA

고도	800~1,600 m
재배	5~10월
품종	티피카, 부르봉, 카네포라
정제	워시드
건조	천일건조

개요

동티모르는 2003년 독립 당시부터 피스윈즈재팬PWJ(일본의 NGO)과 함께 커피 생산지원에 관여해 왔습니다. 2003년 시행한 현장조사에서는 고도 1,200~1,600m 이상 산기슭을 따라 티피카종과 부르봉종계가, 고도가 낮은 지역에는 카네포라종이 자라는 것을 확인했습니다. 대다수 지역에 세이드트리가 있었기 때문에 소농가가 비료를 주고 정성 들여 키우면, 훌륭한 커피가 만들어질 여지가 있다고 생각했습니다.

레테포호 마을

PWJ와 손잡고 10년 넘게 산지개발을 하면서 고품질 커피 만들기에 최선의 노력을 기울였습니다. 현재 일본 NGO 중 PWJ 외에 PARC(아시아태평양자료센터)와도 손잡고 동티모르 커피 지원에 관여하고 있습니다.

개화

마우베시Maubesse, 에르메라Ermera 등 생산지역 대부분은 산기슭을 따라 농가가 모여있으며, 체리 집하가 곤란할 정도로 가파르고 외진 장소도 많았습니다. 워싱 스테이션이 없는 탓에 각 생산자가 체리를 탈각하고(나무 펄퍼를 생산자에게 대여), 파치먼트의 점액질을 제거한 뒤 천일건조까지 해왔습니다.

중미 등 생산국에 비하면 비료 부족, 지역에 따른 토양 불균일성 같은 문제가 있으며, 생산 농가에 따라 매년 품질 차이가 컸습니다. 또 수출항까지 수송과 보관, 드라이 밀의 정밀함 등 해결해야 할 과제가 많아서, 워크숍을 실시하거나 여러 해에 걸쳐 하나씩 고쳐나갈 필요가 있었습니다.

이러한 사정은 아시아 생산국인 라오스, 미얀마, 태국, 필리핀, 인도 등에 공통으로 적용되는 과제이기도 합니다. 독립 후, 일부 동티모르 커피 품질은 현저히 향상되었습니다. 커피 산업은 국가 성장에 크게 기여하고 있다고 생각됩니다.

동티모르 커피의 기본 풍미

동티모르의 좋은 커피는 전체적으로 온화한 풍미로, 가벼운 감귤계 산미 안에 단맛이 느껴집니다. 바디는 다소 약하고 은은한 녹색 풀 향이 나는 등 자메이카, PNG 등과 같은 계열의 풍미입니다.

워크숍: 식목(좌), 컷백(줄기 고르기)*(중), 가지치기(우)

워크숍: 커핑(좌), 마을별 품질해설(중), 농가 표창(우)

* 컷백이란 나무의 수확량이 떨어졌을 때, 지면에서 30~40cm 부근의 줄기를 자른 후 새로운 줄기를 연결해 성장을 촉진하는 방법으로, 교체하는 것보다 빠른 수확을 기대할 수 있습니다.

관능평가

동티모르의 마을별 티피카 품종을 샘플링해서, 제가 관능평가하고 미각센서에 돌려보았습니다. 마을별로 로트 관리된 콩입니다. 티피카 1만 SP 규격이 되지 못해서 다른 콩들과 풍미 차이를 보였습니다. 티피카 2~4는 거의 동일한 풍미 패턴입니다. 관능평가와 미각센서 수치 사이에는 r=0.7063의 상관이 있어서, 관능평가는 타당하다고 보입니다. 동티모르는 2003년부터 커피 재배와 정제에 있어서 시행착오를 거치며 학습한 추억이 많은 산지입니다. 특별히 훌륭한 점은 적지만, SP의 기준에 맞는 깨끗한 콩도 생산되므로 티피카 품종계 풍미를 체험할 수 있습니다.

실험농장

티피카 품종(좌)
부르봉 품종(우)

동티모르 티피카 품종(2019–2020crop) 미각센서와 관능평가

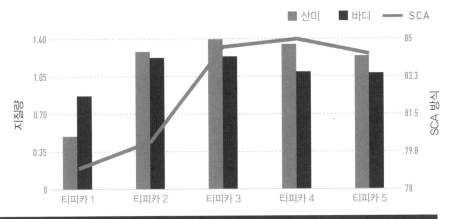

chapter 4

중국
China

개요

중국은 커피 생산국이자 수출국이며, 수입국이기도 합니다. 생산지역은 윈난성이 95% 이상을 차지하며, 품종은 주로 카티모르 품종과 소량의 티피카 품종입니다. 윈난성 내의 최근 몇 년간 생산량은 200만bag 전후라고 합니다.

향후 내수시장 수요가 증가할 것으로 보이며, 세계 유수 소비국으로 발전할 가능성이 있습니다.

그래프는 과거 5년간 생산량과 2020-2021crop 소비량 예측을 표시한 것입니다. 이대로 가면 10년 이내에 일본의 소비량을 뛰어넘을 것으로 보입니다.

중국의 커피 생산량과 소비량 예측

윈난성 티피카 품종(2019-2020crop)

정제	수분	pH	관능평가	SCA
워시드	11.0	5.2	부드럽고 흐린 산미, 바디는 약한 편	80
내추럴	9.6	5.2	건조가 잘된 맛, 매끄러운 바디, 향이 좋음	81
펄프드내추럴	9.9	5.2	매끄러운 바디에 단맛도 있음	82

위의 표는 윈난성의 티피카 품종을 현지 농원에서 조달해, SCA 방식으로 제가 관능평가한 것입니다. 다양한 정제법에 도전하는 농장으로, 중국 대부분을 차지하는 카티모르 품종에서 보이는 혼탁함이 없고 비교적 클린하며, 마시기 편한 커피입니다.

chapter 5

그 외 생산국

미얀마

라오스

인도

위 사진은 아라비카종 카티모르 품종입니다. 내병성이 있는 양산종이지만, 내추럴 정제로 건조 상태가 좋은 커피들이 보이기 시작했습니다.

인도 커피

커피는 17세기 후반 인도에 들어왔습니다. 오랜 역사를 가진 생산국이지만 녹병 만연으로 많은 농가가 카네포라종으로 교체했고, 현재도 아라비카종은 30% 내외에 불과합니다. 나머지 70%는 카네포라종이 차지하고 있습니다.

주요생산지는 인도 남부 카르나타카 주로, 총생산량의 70% 정도가 이곳에서 나옵니다. 인도는 브라질, 베트남, 인도네시아, 콜롬비아, 에티오피아, 온두라스, 우간다 다음으로 생산량이 많고, 그중 70%를 수출하고 있습니다(2019-2020crop).

일본에는 카네포라종이 업무용으로 많이 수입되기 때문에 시장에서 만날 기회는 적습니다.

한편 경제성장과 함께 도시에 카페 체인점이 들어서면서, 커피 내수시장이 확대되고 있습니다. 중국처럼 커피 소비확대 가능성이 큰 곳입니다.

미얀마 커피

최근에는 커피 소비욕구도 증가하는 듯해서, 여행자로부터 종종 원두를 선물 받기도 합니다.

미얀마의 생산량과 관련한 ICO 데이터는 없으며 FAOFood and Agriculture Organization 생산 데이터를 보면, 14만 1,000bag(1bag/60kg) 정도입니다. 아라비카와 로부스타 둘 다 재배되고 있지만, 생산량 자체가 많지 않기 때문에 일본 내 유통량도 적습니다.

필리핀 커피

1889년 전후 필리핀에 녹병이 만연하면서 주요 산지인 바탕가스주의 커피농장들은 다른 농작물로 대체해야만 했습니다. 그 후 커피 생산국으로서 인지도는 많이 떨어졌습니다. 1990-1991년에 97만 4,000bag이던 총생산량은 2000-2001년 34만 1,000bag으로 감소했고, 그 후 35만bag 전후로 생산하는 듯합니다.

한편 소비량은 2017-2018년 318만 bag에서 2020-2021년 331만 2,000bag 으로, 미세하게 증가하고 있습니다. 아시아권에서는 일본, 인도네시아에 이은 소비량입니다. 녹병에 의해 괴멸적 피해를 입기 전까지 아시아의 주요생산국 중 하나였기 때문에 잠재적인 생산 가능성은 있다고 보입니다.

라오스 커피

1915년경 프랑스인이 남부 볼라벤 고원Bolaven Plateau(고도 1,000~1,300m)에 커피묘목을 심은 것이 라오스 커피의 시작입니다. 그 후 녹병으로 괴멸적인 타격을 받아 카네포라종으로 교체했지만, 인도차이나전쟁으로 농지는 황폐해졌습니다. 1990년대 후반에 접어들어서야 ICO의 생산데이터가 나오기 시작했습니다.

현재 생산량은 태국을 웃돌고 있으며, 일본 수입량은 6만 2,000bag으로 엘살바도르나 코스타리카보다 많습니다. 정확한 데이터는 없지만, 카네포라종이 많고 아라비카종이 25~30% 전후로, 주된 품종은 카티모르입니다. 극히 일부지만 내추럴 외에 워시드 정제를 하는 곳이 있습니다. 일본에서는 음료 제조사와 대형 로스터 등의 사용이 많기 때문에 일반 시장에서는 만나기 힘듭니다.

그 외, 태국, 네팔에서도 커피 재배가 행해지고 있습니다.

chapter 6
오키나와현의 커피 재배

개요

2015년에 현장조사를 한 후 경과를 관찰하고 있습니다. 오키나와 현지에서는 상업적 재배를 목표로 하는 분도 있지만, 당시는 주로 소농가(20명 정도)에서 취미처럼 즐겁게 재배하는 단계였습니다. 초기에는 브라질이나 하와이 이민자로서 커피 재배에 종사했던 사람이 귀국해 오키나와에서 재배를 시작했다고 합니다. 오키나와는 약 100년의 커피 재배 역사를 지니고 있습니다.

제가 조사를 하던 당시는 태풍 피해로 수확량이 격감한 해였는데, 오키나와 본도를 모두 합하면 연간 생산량은 20bag(1bag 60kg) 정도로 추산되지만 정확한 데이터는 없습니다.

이후 새로운 오키나와 커피를 만들자는 움직임이 일어났습니다. 2019년 4월 나하에서 발족한 '오키나와 커피프로젝트'를 시작으로, 등교를 거부하는 히키코모리 성향 청년들을 지원하는 NPO법인 등이 커피 묘목을 심고, 관리하고, 체리를 수확하는 등 다양한 농원 내 활동을 전개하고 있습니다.

오키나와 북부 농가(좌)와 남부 농가(중), 하우스 재배(우)

적토(좌), 문도노보 품종(중), 방풍림(우)

문제점

본토에서 오키나와로 이주해 농원을 시작하는 사람도 있지만 잦은 태풍 피해와 북풍, 여름은 덥고 겨울은 추운 기후 등 재배조건이 좋지 않아 많은 수확을 기대하기는 힘듭니다. 또 수확기가 1월 경으로 오키나와에서는 우기에 해당해 건조도 어렵습니다. 체리와 파치먼트를 탈각하는 전용 기구도 없어서 수작업에 맡기는 곳이 많고요. 건조장마저 확보하기 어려운 실정이라 커피 생산만으로 생계를 유지하기는 힘들어 보입니다.

재배를 계속하려면 바닷바람을 맞지 않는 재배 적합지 선정 및 방풍림 조성이 선행되고, 하우스 재배도 검토할 필요가 있다고 저는 판단합니다. 또 관광 농원으로서 운영 등도 필요할 듯합니다.

원래부터 자라던 품종은 문도노보 품종(완숙하면 빨간 것과 노란색이 되는 것이 있음)입니다. 풍미는 산미가 약하고, 전체적으로 브라질 콩과 닮았습니다.

오키나와 문도노보 품종 빨간 열매(좌)와 노란 열매(우)

생두 문도노보 품종   생두 문도노보 품종

6 품종으로 커피콩을 선택한다
아라비카종 편

커피 품종

아라비카종

커피나무는 열대에 자생하거나 재배되는 꼭두서니과의 상록목본입니다. 식물학적으로는 꼭두서니과family 코페아속genus 코페아 아라비카종species로 분류됩니다. 이 코페아 아라비카 Coffea arabica가 일반적인 아라비카종을 의미합니다. 그 외에 재배되는 주요 품종으로 카네포라종canephora, 리베리카종Liberica이 있습니다.

또 아라비카종species은 아종subspecies, 변종variety, 재배품종cultivar 등으로 구분됩니다.

종 아래 분류인 아종은 그 생육지가 동종의 나무들과 지리적으로 격리되어 있어서, 통상적으로 다른 지역의 동종들과 교잡이 일어나지 않는다고 보며, 지리적인 특징을 띄는 형태가 많은 것으로 알려져 있습니다.

변종은 같은 종의 집단 안에서 자연스럽게 일어난 형태나 색 등의 변이를 가리킵니다. 다른 품종과 자유롭게 교잡하며 그 특징은 유전됩니다. 또 변종에 해당하는 것 중 재배품종이 있는데, 이는 인위적으로 선택해 개량·변화한 품종을 일컫습니다.

그러나 이러한 품종 분류는 매우 복잡합니다. 아종과 변종과 재배품종의 엄밀한 구분 역시 어려우므로 이 책에서는 종을 아라비카종, 카네포라종, 리베리카종 3개로 구분하고 그 아래 위치하는 아종, 변종, 재배품종 모두 포괄적으로 품종으로 봅니다. 본문 안에 표기된 아라비카종, 티피카 품종, 부르봉 품종 등이 그 예입니다.

이들 품종에 대해서는 유전자해석이 발달해감에 따라 계통적인 관점으로 새로운 체계가 만들어질 것이라 예상합니다.

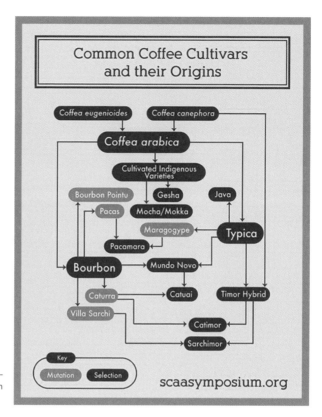

Coffee Plants of the World —
Specialty Coffee Association
(sca.coffee)

현재 상업적으로 재배되는 품종은 대략 예멘에서 세계로 전파된 티피카 품종과 부르봉 품종 2개이며, 거기서 교잡이 반복되어 현재의 다양한 품종이 구성되었다고 할 수 있습니다.

위 표는 SCA가 작성한 것으로, 품종의 계통을 나타내고 있습니다. 가장 일반적인 커피 품종 간 관계를 보여주고 있지요. 식물 그룹을 연결하는 선과 화살표는, 부모자식 관계를 나타냅니다. 흐린 색은 자발적인 유전적 변화에 기인(돌연변이)하는 품종입니다.

Coffea arabica는 Coffea eugenioides와 Coffea canephora의 자손입니다. Coffea euenioides는 콩코민주공화국, 르완다, 우간다, 케냐, 탄자니아 서부 등 동아프리카 고지대에 자생하며, Coffea arabica의 부모로서 알려져 있습니다. 또 아라비카종보다 카페인 함유량이 적다고 알려져 있습니다.

chapter 2

아라비카종Coffea arabica과
카네포라종Coffea canephora

아 라비카종은 나무 키 5~6m, 잎
은 10~15cm로 진녹색, 고도
800~2,000m 고지대 재배에 적합합니
다. 일반적으로 종자가 발아하기까지 6
주, 개화해서 수확하기까지는 3년이지
만 충분한 수확을 위해서는 3~5년 정도
걸립니다. 품종에 따라 나무의 수명은
차이가 있으며, 보통 20년 전후입니다.
　이 책에서는 아라비카종을 중심으로
해설합니다.

아라비카종 티피카 품종

　대표적인 Coffea canephora(이하 카네
포라종)로는, 로부스타종Robusta과 코닐
론Conion(브라질에서 생산됨)이 있습니다.
현재는 카네포라 대신 로부스타가 종명
이 되어 생산·거래·유통·소비 면에서
널리 사용되며 정식 명칭으로 정착하고
있습니다. 책에서도 가끔 로부스타종으
로 표기하기도 합니다.

　카네포라종은 아라비카종보다 나무
키가 크고, 잎도 두껍고 큰 것이 특징입
니다. 생육이 빠르고, 첫해부터 체리가
열리며, 3~4년에 상업적인 수확에 도달

합니다. 녹병에 강하고, 조방粗放 관리에
도 잘 견디며, 수확량도 많은 품종이지
만, 풍미는 아라비카종보다 떨어집니다.
해발고도 800m 이하 지역에서도 재배
할 수 있습니다. 단가가 싸서 아라비카
종 증량용 혹은 캔커피 등 공장생산품이
나 인스턴트커피에 사용됩니다.

　Coffea liberica(이하 리베리카종)는 아
프리카 서부 리베리아가 원산인 강건한
종입니다. 나무 키는 10m, 잎과 꽃과 체
리도 크고, 저지대 재배용으로 내병성이
있습니다. 생명력이 강해서 아라비카종
의 접목용 나무로도 이용됩니다.

아라비카종과 카네포라종의 차이

항목	Coffea arabica (아라비카종)	Coffea canephora (카네포라종)
기상조건	우기와 건기에 의한 적절한 습윤과 건조	고온다습 환경에서 생육
임성*	자가임성	자가불임성
생산비율	60% 전후	40% 전후
생산국	브라질, 콜롬비아, 중미, 에티오피아, 케냐 외	베트남, 인도네시아, 브라질, 우간다 외
pH	5.0 전후, 강한 것은 4.7 정도(중배전)	5.4 정도로 산은 약함(중배전)
카페인	1.0%	2.0%
풍미	좋은 것은 산과 화사함으로 바디가 있음	산이 없으며 쓰고, 진흙 냄새
가격	저렴한 것부터 고가까지 다양	대부분 아라비카종보다 저렴

아라비카종 티피카 품종

카네포라종

* 동일개체의 화분(자가수분)에 의해서도 종자를 맺는 성질을 자가임성이라고 합니다. 그 때문에 한 그루 나무로 자손을 늘릴 수가 있습니다. 한편 카네포라종은 타가수분하므로, 기본적으로 아라비카종과는 교잡할 수 없습니다.

chapter 3
아라비카종의 여러 품종

아라비카종 중에서는 상업적으로 재배되어 유통되는 품종이 많습니다. 이들 품종을 아래와 같이 전통재래종, 재래종, 선발개량종, 돌연변이종, 자연교잡종, 교잡종으로 구분해 나누어 보았습니다.

교잡종(하이브리드)은 서로 다른 품종의 교잡(타가수분에 의해)에 의해 생겨난 식물입니다. 아라비카종은 자가수분하기 때문에, 사람의 손을 빌리지 않고 자연히 생겨난 품종은 자연교잡종이라고 합니다.

아라비카종의 여러 가지

계통	품종	내용	주요 생산국
전통재래종	에티오피아계	오래전부터 재배된 야생종 등의 품종	에티오피아
재래종	예멘계	우다이니, 투파히, 다이와리 등 전통 품종	예멘
	티피카	예멘에서 자바, 카리브해 섬들 경유로 전파	자메이카
	부르봉	예멘에서 레위니옹섬 경유로 전파	탄자니아
	게이샤	에티오피아 유래 품종, 파나마에서 재배되었음	파나마
선발개량종	SL	케냐의 연구소가 부르봉종에서 선발했음	케냐
돌연변이종	모카	부르봉 품종 돌연변이종으로 알이 작음	마우이섬
	마라고지페	브라질에서 발견된 티피카 품종 돌연변이	니카라과
자연교잡종	문도노보	티피카 품종과 부르봉 품종의 교잡종	브라질
교잡종	파카마라	파카스 품종과 마라고지페 품종의 교잡종	엘살바도르
	카투아이	문도노보 품종과 카투라 품종의 교잡종	브라질

* 일반적으로 교배는 2개체 간 수정을 통해 차세대를 만드는 것으로, 교배 중 유전자형이 다른 것들이 섞인 것을 책에서는 교잡이라고 표기했습니다. 커피는 유전자 공학기술에 의해 유전물질을 변화시키는 방법은 사용하지 않습니다.

chapter 4
에티오피아 야생종Heirloom

에티오피아에는 3,500개 이상의 야생종이 있다고 추정되지만, 유전적 동정同定은 거의 밝혀지지 않고 있습니다. 그중 상업용 재배종을 특정하기는 어려워서, 현지에서 나무를 보면 형상이 다른 것을 많이 만날 수 있습니다. 가령 종자는 하라 등의 롱베리(알이 긴형태)를 제외하면 전체적으로 알이 작습니다.

커피는 대부분 가든커피garden coffee라고 불리는 소규모 농가(평균 0.5ha)에서 재배되며, 농가당 생산량은 연간 300kg 정도로 추정됩니다. 국영 플랜테이션Plantation도 있지만, 생산량은 많지 않습니다. 그 외 포레스트커피forest coffee나 세미 포레스트커피semi-forest coffee는 자생한 커피체리를 따는 방식인데, 숲속에서 건조할 장소 확보가 어려운 면도 있습니다.

에티오피아 품종은 지역의 재배환경에 적합하고, 오랜 시간에 걸쳐 재배돼온 것이 많아 로컬 랜드레이스Local Landrace(토착품종) 또는 에어룸Heirloom(가보)이라고 불리기도 합니다. 짐마jimma의 JARCJimma Agricultural Research Center에서는 포레스트커피를 연구하고, 내병성 향상과 수확량 증가 등 특성을 갖는 품종을 개발하고 있습니다.

에티오피아 최고봉 커피 보고인 게데오Gedeo(Yirgacheffee), 시다마Sidama, 구지guji 존에서는 홀리쇼Wolisho, 쿠두메Kudume, 데가Dega 등 3개 로컬 품종이 재배되며, JARC이 배포한 74110 등

에티오피아에서 재배되는 나무 형상은 다양합니다.

CBD 내병성 선발종도 있습니다. 그러나 유통되는 커피에는 품종이 혼재하기 때문에, 로컬의 자세한 품종 특성은 알 수 없습니다.

에티오피아 각 지역의 재래종은 대부분 특정 지역에서 재배되어 온 역사가 길어서, 각각의 다양한 수량과 풍미 특성을 갖습니다. 에티오피아 지역은 Region(지역) 안에 Zone(행정상 70개 전후, 제2레벨의 행정구획)이라는 구분이 있습니다. 그 아래 Woreda(제3레벨 구획)가 있어서, 최근 에티오피아 SP의 한 사례를 들면 'Oromia(Region)의 Guji(Zone)의 Hambela(Woreda)' 라는 세세한 구획 한정 커피도 유통됩니다.

토착품종

SP 워시드 G-1(결점두 혼입이 거의 없는)의 풍미는 블루베리와 레몬티를 방불케 하며, 내추럴 G-1은 달콤한 오렌지와 복숭아의 향을 느끼게 합니다. 발효취가 없는 콩은 클린한 부르고뉴 와인 같은 풍미까지도 느껴집니다.

에티오피아 소농가

품종이 혼재돼 있어도 지역 특유의 명확한 풍미를 체험할 수 있습니다. 최근 몇 년간 에티오피아 커피 풍미는 극적으로 변화하고 있으니 꼭 체험해 보기를 바랍니다.

수확

chapter 5

예멘 품종

예멘 재래종

에티오피아에는 커피를 마시는 문화가 있지만, 예멘에는 커피 문화가 없습니다. 대신 많은 예멘인은 각성작용이 있는 카트 잎을 씹습니다. 그 카트khat 대신 보존이 되는 건조한 드라이체리의 껍질(과육)을 카다멈, 생강 등과 함께 끓인 기실(분은 건조 체리째 끓이는 것)도 애용했습니다. 건조한 기후인 예멘에서는 드라이체리를 보관하기 때문에 수출된 생두가 언제 수확되었는지 모르는 게 당연했습니다. 따라서 대부분 발효취가 강하고 품질이 뛰어나지 않았지만, 일본에서는 모카 마타리라는 명칭으로 인기가 있었습니다. 한편 워시드 정제로 제거된 과육을 건조한 것은 중남미에서 '카스카라'라고 불립니다.

2010년경부터 드물게 생산이력이 명확한 예멘의 고품질 뉴크롭(그 해에 수확한 신선한 생두)이 유통되기 시작했습니다. 주요 산지는 하라지Harazi, 바니 마타리Bani Matari 등으로 산악지대 협곡의 와디라고 불리는 계곡(바닥 고도 1500m)이나 협곡 사면의 테라스(계단식 밭 1500~2200m)에서 재배되고 있습니다. 현재 정세가 불안정해서 예멘산 커피의 일본 수입은 극소량입니다.

예멘 커피는 모카항(현재는 폐항)에서 인도, 자바섬으로 전파된 티피카 품종과 레위니옹섬으로 전해진 부르봉 품종

잘 익은 체리

예멘 재래종

의 기원입니다. 뛰어난 커피일 경우, 레드와인과 과일 향, 초콜릿의 바디가 느껴지는 매우 개성적인 풍미입니다. 하지만 2005년 USAIDUnited States Agency for International Development가 발표한 조사 보고에 따르면, 현재 예멘에서 재배되는 품종 대부분은 우다이니Udaini, 다와이리Dawairi, 투파히Tufahi, 브라이Bura'i 4개인 것으로 알려졌습니다. 여러 연구기관의 데이터에 따르면, 아부수라Abu Sura와 알하키미Al Hakimi가 추가되어 현재 예멘에는 6개의 주요 품종이 재배된다고도 알려져 있습니다. USAID의 조사 이후 유전자 분석법에 따른 품종 분류 등 연구가 진행되고 있습니다.

예멘 커피는 건조한 사막 같은 곳에서 자라기 때문에, 기온 차에 강하고 가뭄에 내성이 있는 것으로 추정됩니다. 그러므로 미지의 영역에 있는 예멘 커피 품종을 연구해 악조건에 내성이 있는 유전적 특성을 발견하는 일은 미래의 지속 가능한 커피 생산에 매우 유익한 작업이 될 것입니다.

우다이니 품종

다와이리 품종

체리 선별

생두 선별

관능평가

아래 그래프는 2022년 8월에 처음 열린 NYCA National Yemen coffee Auction의 옥션 콩 중에서 6종(내추럴)을 선택해 미각센서에 돌려본 것입니다.

예멘(2021-22crop)

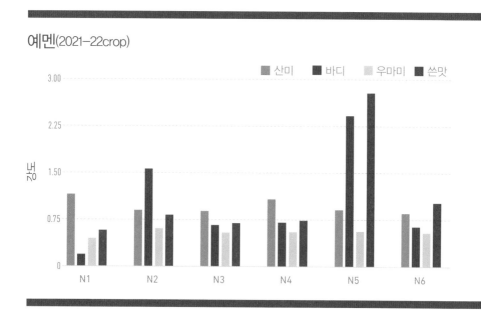

옥션 평가점수는 87.4부터 88.75점으로 전체적으로 높아 큰 차이가 없지만, 미각센서 수치는 균일하지 않았습니다. 다양한 로컬 품종이고, 내추럴 건조 공정에 차이가 있는 것이 그 이유이지 않을까 추측합니다.

옥션 점수와 미각센서 수치의 상관은 보이지 않았습니다(r=0.2945).

샘플은 매우 신선하고 깨끗한 내추럴 생두입니다. 반면 모두가 유사한 풍미로, 샘플 간 풍미 차이는 느끼지 못했습니다. 그러나 이렇게 클린한 예멘 커피를 체험할 수 있는 시대가 되었구나 하는 생각에 감개무량했습니다.

극소량 유통되지만, 기존 예멘과는 근본적으로 다른 레드와인과 초콜릿 뉘앙스를 느낄 수 있는 훌륭한 콩이 있으니, 생산이력을 확인해 도전해 보면 좋겠습니다.

게이샤 품종

chapter 6
게이샤 품종

에티오피아(서부마을 게샤)에서 생겨난 게이샤 품종은 코스타리카의 CATIEThe Tropical Agricultural Research and Higher Education Center(열대농업연구고등교육센터)에서 보존되어, 이후 파나마 농원에 심기게 되었습니다. 2004년 베스트 오브 파나마에서 보케테 지역의 에스메랄다 농원에서 재배한 게이샤 품종이 1위에 오르며, 과일감 있는 독특한 풍미로 일약 스타가 되었습니다.

당시 저는 옥션이 종료하는 새벽 3시 넘어서까지 경쟁에 참여지만, 게이샤 품종은 너무 비싸져서 낙찰할 수 없었습니다. 게이샤 품종은 주로 파나마에서 재배해왔지만, 가격이 매우 비싼 커피이므로 다른 중남미 국가에서도 서둘러 재배를 하기 시작했습니다.

게이샤 품종을 GC/MS*(가스크로마토그래피 질량분석기)로 분석한 결과, 프로피온산에틸Ethyl Propionate, 아이소발레르산에틸Ethyl Isovalerate 등 파인애플, 바나나, 달콤한 사과의 향기 성분이 다른 품종에 비해 매우 많은 것을 확인할 수 있었습니다. 또 향기 물질의 종류도 다른 품종보다 많아서, 그러한 성분이 복잡한 과일감을 느끼게 하는 듯합니다.

* 가스크로마토그래피 질량분석법(GC/MS)은, 분리한 기체 성분 질량정보에서 성분의 정성 및 정량 분석을 하는 기계로, 현재 향 연구의 주류가 되었습니다.

파나마 게이샤 품종

파나마 게이샤 품종의 잎

관능평가

2021년 베스트 오브 파나마에 출품된 9개 농원의 게이샤 품종을 미각센서에 돌려보았습니다. 옥션 평가점수는 모두 SCA 방식으로 90점 이상(92.0~93.50)이 었습니다. 저의 테이스팅에서도 모두 플로랄하고 화사한 과일감이 있었습니다. 그러나 미각센서의 수치는 고르지 않았고, 옥션 평가와는 r=0.5722로 다소 약한 상관이 보였습니다.

이 9개 게이샤 품종의 화사한 산미는, 구연산 이외 유기산이 관여하고 있다고 추정되지만, 현 시점의 분석으로는 자세히 알 수 없습니다.

파나마산 게이샤 품종 워시드(2020-21crop)

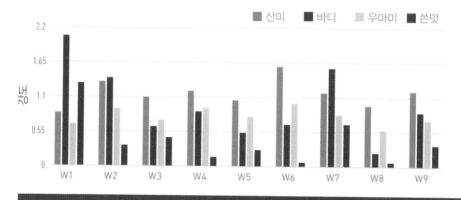

파나마의 게이샤 품종과는 다른 계통으로 CATIE에서 말라위Malawai에 가져간 게이샤 품종이 있는데, 종자가 약간 둥그스름한 게이샤1956geisha1956으로 파나마의 것과는 구별됩니다. 드문 것이라서 한때 사용했지만, 부르봉 품종에 가까운 풍미로 파나마의 게이샤 품종과 같은 화사함은 없었습니다.

게이샤 품종의 기본풍미

뛰어난 게이샤 품종은, 감귤계 과일의 단 산미를 베이스로 복숭아와 파인애플 같은 다양한 과일 풍미를 느끼게 합니다. 특히 워시드의 경우 섬세하고 품위가 있습니다.

chapter 7
티피카 품종

티피카 품종

예멘에서 스리랑카, 인도에 이식되어 최종적으로 인도네시아 자바로 건너가 재배된 품종입니다. 1706년 그곳에서 암스테르담의 식물원으로 옮겨진 후 파리의 식물원을 거쳐 마르티니크섬으로 전파되었던 티피카 품종은 1800년대 후반 식민지 개척자들에 의해 카리브해 섬과 라틴아메리카 국가들에 도입되었습니다.

그 때문에 티피카 품종은 다른 많은 품종의 유전적 배경을 형성하고 있습니다. 많은 품종의 기원이 된 티피카를 풍미의 기준으로 삼아 다른 품종과 비교하는 것이 가능했기 때문에 매우 중요한 품종입니다. 그러므로 우선 티피카 품종의 풍미를 기억하는 것이 중요합니다.

그러나 티피카 품종의 주요 생산지였던 자메이카 외에 카리브해 섬들의 생산량은 대폭 감소했고, 콜롬비아도 1970년대 이후 카투라 품종으로 교체했습니다. 또 하와이코나는 2012년부터 베리보러 피해를 입기 시작했고, 2020년에

는 커피 녹병이 퍼져서 생산량이 격감했습니다. 중남미 등에서 조금씩 생산하고는 있지만, 현재 주요 생산국은 동티모르, 파푸아뉴기니, 자메이카 등에 한정됩니다.

섬유질이 부드러워 대부분의 콩이 입항 이후 반년까지만 선도가 유지되며, 그 후에는 서서히 풍미가 떨어져 흐릿한 건초의 뉘앙스가 만들어집니다.

티피카 품종의 기본풍미

이 일을 시작하고 30년간 티피카 품종 콩을 좇아 왔습니다. 동티모르, 파푸아뉴기니, 콜롬비아 북부, 자메이카, 쿠바, 도미니카산 티피카는 희미한 단맛과 녹색 풀의 향이 특징입니다. 하와이, 파나마, 코스타리카산은 실키하고 바디가 있으며, 풍미는 약간씩 다릅니다.

티피카 품종의 새싹은 브론즈 색입니다. 예전에는 부르봉 품종의 새싹이 녹색이었기 때문에 색으로 쉽게 구별할 수 있었지만, 최근에는 부르봉에서도 브론즈 색이 나타납니다. 오른쪽은 동티모르의 티피카 품종.

하와이코나 티피카 품종(좌)은 비료를 넣었기 때문에 영양 상태가 좋고 수확량도 많습니다. 오른쪽은 PNG의 티피카 품종으로 비료가 부족하거나 수령이 오래된 것으로 추정됩니다.

파나마 농원의 티피카 품종(좌)과 자메이카 농원의 티피카 품종(우).

chapter 8
부르봉 품종

부르봉 품종

네덜란드는 1718년 식민지인 수리남Suriname(네덜란드령 기아나. 남미 북동연안에서 1975년 독립. 당시 기아나는 영국령, 프랑스령, 네덜란드령으로 3분할돼 있었다)에 암스테르담 식물원의 묘목을 보냈습니다. 이것이 부르봉 품종 전파의 계기입니다. 1727년경 이곳의 어린나무가 브라질 북부 바라주에 심기고 1760년 리우데자네이루주, 1780년 상파울루주에서 재배되기 시작했습니다. 여기에 1859년 레위니옹섬에서 부르봉 품종이 옮겨져, 상파울루와 파라나주가 주요 산지가 되었습니다. 그러나 1975년 대서리 피해의 타격을 받아, 재배지는 북부 미나스 제라이스주와 에스피리토 산토주, 바이아주로 옮겨갔습니다. 그 사이 브라질 품종은 다양화되어 1875년에 붉은 부르봉 품종이, 1930년 노란 부르봉 품종이 발견되었고 그 후 카투라, 문도노보, 카투아이 품종이 생겨났습니다.

한편 1715년 인도에 있던 프랑스회사가 예멘의 묘목을 반출해 인도양 위 부르봉섬(레위니옹섬)의 수도원 정원에 심었습니다. 그 커피나무의 자손에게 당시 프랑스 부르봉 왕조의 이름을 따서 '부

전정을 하지 않은 부르봉 품종은 4m까지 자라납니다.

르봉 품종'이라는 이름을 붙였고, 이후 1878년 프랑스의 선교사가 레위니옹섬에 있는 묘목을 동아프리카 탄자니아로 가져갔습니다. 이것이 프렌치미션 부르봉 품종의 선조입니다. 탄자니아 킬리만자로 산악에서는 독일의 식민개척자들도 커피 재배에 뛰어들었고, 1900년 스코틀랜드 선교사가 이 품종을 케냐로 가져가게 됩니다.

이렇게 레위니옹섬에서 파생된 부르

봉 품종계가 동아프리카, 브라질에 이어 다른 중미 국가들에도 퍼져나갔습니다. 아라비카 커피는 티피카 품종계와 부르봉 품종계, 이 두 계통이 주요 재배종이 되었습니다.

현재의 부르봉 품종 기본 풍미는 과테말라 안티구아 지역의 콩으로 대표된다는 것이 제 개인적인 견해입니다. 이 지역 생산자 대부분은 선대부터의 농업경영을 이어받아 오랜 전통을 갖고 있으며, 품질 안정성도 매우 높은 편입니다.

부르봉 품종 주요 생산지는 과테말라, 엘살바도르, 르완다, 브라질 등입니다. 케냐의 SL 품종도 부르봉계 품종이라고 할 수 있습니다. 탄자니아도 부르봉 품종계이지만 아르샤 품종, 켄트 품종 등과 품종 혼재가 눈에 띕니다.

부르봉 품종의 기본 풍미

티피카종보다는 바디가 있으며, 감귤계 과일의 산미가 명확하고 복잡한 바디와의 밸런스가 좋은 편입니다. 아라비카종의 기본 풍미라고 해도 과언이 아닙니다.

부르봉 품종의 체리

엘살바도르 커피연구소에서 개발된 부르봉 품종의 선발종(Tekisic)

과테말라 안티구아의 부르봉 품종

에콰도르 부르봉 품종

관능평가

아래 그래프는 2021년 10월 르완다의 CEPARCoffee Exporters and Processors Association of Rwanda(르완다 수출·가공업자 연합)이 개최한 'A Taste of Rwanda' 옥션 샘플입니다. 국내 및 국제적인 인지도를 높이기 위해서 개최되는 이 옥션의 부르봉 품종 워시드 7종을 미각센서에 돌려보았습니다.

르완다(2020-2021crop) 워시드

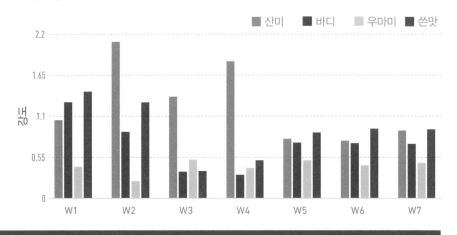

같은 품종이라도 스테이션 지역에 따른 풍미 차가 생긴다는 것을 알 수 있습니다. W2, W4는 산이 매우 강하며, W5, W6, W7은 거의 같은 풍미로 추정됩니다. 옥션 평가점수는 85점부터 87점대로 높았습니다. 관능평가 점수와 미각센서 사이에는 r=0.8183으로 높은 상관이 보였습니다.

르완다의 부르봉 품종

chapter 9
카투라 품종

카투라 품종

부 르봉 품종의 돌연변이종으로 왜소종입니다. 부르봉 품종처럼 여러 커피 재배환경에 적응합니다. 같은 부르봉 품종 내 변이로는 엘살바도르의 파카스Pacas 품종과 코스타리카의 비자사치Villa Sarchi 품종이 있습니다.

카투라 품종은 키가 작아서 강풍에 강하므로 허리케인 피해가 많은 도미니카에서는 일찌감치 티피카에서 카투라로 교체했고, 콜롬비아와 코스타리카에서도 기존 티피카와 부르봉을 카투라로 교체했습니다. 또 왜소해서 수확하기 좋은 조건이라 수확량도 티피카의 3배에 이릅니다. 이런 까닭에 여러 중미 국가들에서도 카투라 품종이 점점 늘어나는 추세입니다. 레드 카투라 품종Caturra Vermelho과 옐로우 카투라 품종Caturra Amarelo이 있습니다.

과테말라 카투라 품종

카투라 품종의 기본 풍미

고도 1,200~2,000m가 재배 적합지라고 알려졌지만, 이 고도에서 생산되는 과테말라 등의 커피에서는 부르봉보다 풍미가 약간 무겁고 혼탁한 맛이 느껴집니다. 그러나 콜롬비아 나리뇨, 코스타리카 마이크로밀 등 고도 2,000m 재배지에서는 명확한 산과 바디가 드러나며, 풍미가 뛰어난 콩을 만날 수 있습니다.

코스타리카 비자사치 품종

chapter 10
SL 품종

SL 품종

2005년경부터 나이로비 인근 왕고 농원 등의 콩이 일본에 들어왔는데, 풍성한 과일계 풍미에 충격을 받았습니다. 산미가 강하고 (미디엄로스트에서 pH4.75 정도), 과일감이 있는 풍미로 SL 품종은 SP를 대표하는 커피가 되었습니다.

2010년 전후는 아직 팩토리(케냐 수세 가공장)의 커피를 수출회사가 취급하지 않았기 때문에 매주 나이로비에서 개최되는 옥션 리스트를 받아서 샘플을 요청하고 풍미를 체크한 후, 낙찰을 반복했습니다. 이 시기에는 콩 구매에서 성공과 실패를 반복하며 신중하게 테이스팅 경험을 쌓아갔습니다.

스콧연구소Scott Agricultural Laboratories (1934~1963년에 복수의 재배품종을 개발했던 케냐 연구소)가 부르봉계 품종에서 SL28을 선발하고, 카베테 지역 로레쇼 농원의 프렌치미션계(프랑스 선교사가 가져온 부르봉 품종)에서 스콧연구소가 다시 SL34를 선발했다고 알려져 있습니다. 그러나 이 2개의 품종을 나무의 형상으로 구별하는 것은 현실적으로 어렵습니다.

SL 품종은 자연교배되었을 가능성이 크고, 나무나 잎의 형상으로 그 차이를 알아보기도 힘듭니다. 이 품종이 강한 산미와 프루티한 풍미를 지니는 원인 역시 밝혀지지 않았습니다.

SL28 품종

SL34 품종 프렌치미션

레몬(강한 산), 오렌지(단맛)의 과일에 함유된 구연산의 풍미가 있습니다. 또 체리, 자두, 라즈베리잼 등의 붉은 과일, 블랙베리, 검은 포도 등의 검은 과일, 그 외 살구잼이나 토마토 같은 풍미가 나는 커피도 종종 있습니다. 따라서 SP를 취급하는 전 세계 많은 트레이더(수입회사)와 로스터회사(대형 로스터회사)가 직접 현지를 방문해 상품을 선택하기도 합니다. 우선 케냐의 SL 품종을 맛보고, 과일의 풍미가 있는지 확인해 보시기 바랍니다.

관능평가

코스타리카 마이크로 밀의 SL 품종과 티피카 품종, 게이샤 품종을 미각센서로 비교해 보았습니다. 그래프를 보면 SL 품종의 산미가 강한 것을 알 수 있습니다. 품종의 풍미는 그 지역 테루아와 궁합이 맞을 때 빛을 발하지만, SL 품종은 어느 곳에 심어도 산미가 도드라지는 듯합니다.

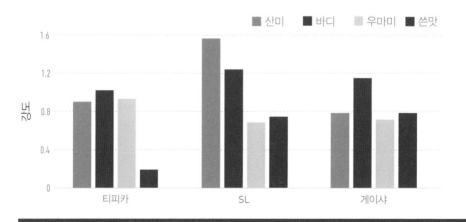

코스타리카(2020-2021crop) 워시드

파카마라 품종

파카마라 품종

파카마라 품종은 1958년 엘살바도르 국립커피연구소가 인위 교배한 하이브리드 품종으로, 1990년 전후에 선보이기 시작했습니다. 파카스Pacas(부르봉 품종의 변이) 품종과 마라고지페Maragogype(티피카 품종의 변이) 품종 간 교잡으로 만들어졌으며, 이름은 각 품종의 앞머리를 따서 지었다고 합니다. 높은 생산성은 파카스에서, 큰 과일은 마라고지페에서 이어받았으며, 엘살바도르를 대표하는 품종입니다.

2000년 중반 과테말라 인터넷 옥션에서 엘 인헤르토El Injerto 농원의 파카마라 품종이 1위를 차지하면서 일약 스타가 되었습니다. 과테말라산에는 드물게 감귤계 산에 라즈베리 같은 화사함이 더해져, 중미 콩에는 없는 풍미가 되었습니다. 실키하면서 산뜻한 타입과 약간 화사한 타입 등 2종류가 있다고 느낍니다.

게이샤 품종과 함께 마시면 좋은 품종 중 하나라고 생각됩니다.

게이샤 품종만큼은 아니지만, SP 시장에서는 인기가 높아 티피카 품종이나 부르봉 품종보다 훨씬 비싼 편입니다.

엘살바도르 파카마라 품종

파카마라 품종의 큰 잎

파카마라 품종의 기본 풍미

플로랄한 향이 있습니다. 티피카 품종계의 실키한 혀의 감촉에 부르봉 품종계의 단맛이 있는 산미를 동반합니다. 산미는 감귤계 과일의 산미에 화사한 붉은 과일감이 더해져, 티피카 품종이나 부르봉 품종과는 풍미가 다릅니다.

과테말라 농원의 레드파카마라 품종

관능평가

아래 그래프는 엘 인헤르토 농원이 같은 해에 수확한 두 품종을 미각센서에서 비교한 것입니다. 두 샘플은 관능적으로 모두 다 산미가 화사했지만, 그 질은 약간 다릅니다.

뛰어난 파카마라 품종에는 감귤계 과일의 산미에 붉은 라즈베리 같은 화사함이 더해집니다. 게이샤 품종의 과일 풍미에 밀리지 않는 커피도 있었습니다.

파카마라 품종(2021-2022crop)

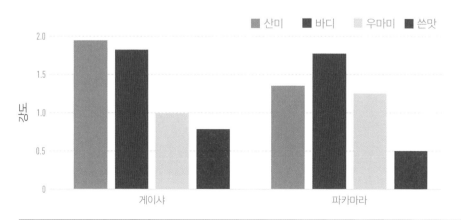

커피 재배는 녹병coffee leaf rust과의 싸움의 역사

커피 잎 녹병Coffee leaf rust, CLR

1861년 케냐의 빅토리아 호수 근처 야생 커피에서 발견된 후 전 세계로 감염이 확산했습니다. 헤밀리아 바스타릭스Hemileia Vastarix(곰팡이)균에 의해 잎 뒷면에 황색 반점이 생기고 시간이 흐르면서 잎이 모두 떨어져 나무가 말라갑니다. 잎 녹병은 전염성이 강해서 포자는 공기, 벌레, 인간, 기계 등에 부착해 퍼져나갑니다. 아라비카종은 유전적 거리가 가까워서 내성이 없기 때문에 절멸의 우려도 있습니다.

실론(스리랑카)에서는 과거 녹병으로 커피가 괴멸하면서 홍차 생산으로 전환하기도 했습니다. 인도네시아에서는 녹병 감염을 겪은 후 생산성이 높고 내병성이 있는 카네포라종으로 바꿔 심었고, 현재 생산량의 90%를 카네포라종이 차지하고 있습니다.

녹병이 퍼지면 커피나무는 잎을 잃고 광합성을 못해 말라갑니다. 2000년 전후 콜롬비아에서도 녹병이 발생해 종전 1,100만bag이던 생산량이 700만bag으로 격감하면서 아라비카종 선물 거래 가격이 폭등했습니다. 이후 콜롬비아 FNC는 녹병에 내성이 있는 카스티조 품종을 개발해 재배종 교체를 추진했습니다. 그 후에도 자메이카, 엘살바도르, 하와이코나 등에서 심각한 피해를 겪는 등, 커피 재배는 녹병과 싸움의 역사라고도 할 수 있습니다.

녹병을 막기 위한 기본 대응으로는 셰이드트리를 관리*해 통풍을 좋게 하고,

커피 잎 녹병

커피 잎 녹병

감염된 잎 제거를 위한 가지치기, 영양분 경쟁을 막기 위한 잡초 제거, 농약 분무, 확산방지를 위한 복장·농기구·트럭·장갑 등 제균, 산지의 방문객 제한 등이 있습니다. 내성 품종으로 교체하는 것도 한 방법입니다.

다만 내병성 종인 사치모르 품종(Hdet 비자사치 품종)**, 카티모르 품종(Hdet 카투라 품종)***의 녹병에 대한 저항력이 저하되고 있어서, 새로운 아라부스타 품종 개발에 착수한 곳도 있습니다.

* 셰이드트리 아래서 자라는 나무는 녹병 균이 침입하더라도 방어력이 강하다고 알려져 있습니다. 또 고도가 높을수록 살균제 효과가 높고, 영양분을 충분히 흡수한 나무일수록 감염억제 효과가 있다는 연구도 있습니다.

** 커피병 해충에 관해 간결하게 쓰여있습니다. http://www2.kobe-u.ac.jp/~kurodak/Coffee/Pests.html

*** 녹병에 대해서는 아래 논문에 자세히 쓰여 있습니다. Jacques Avelino et.al, The coffee rust crises in Colombia and Central America(2008-2013): impacts, plausible causes and proposed solutions

탄소병 coffee berry diseas, CBD

체리의 표면에 암갈색 둥근 반점이 생깁니다. 1920년경 아프리카 케냐 서부에서 처음 보고되었으며, 커피 열매와 뿌리에 심각한 피해를 주는 병해 중 하나입니다. 콜렉토트리쿰 코페아넘 colletotrichum coffeanum(진균류)이라는 전염력 강한 균이 원인이라고 알려졌으며 습도, 안개, 저온에 의해 확산합니다. CBD 저항성이 높은 카티모르계 루이루 11 품종 등을 케냐에서 개발했고, CLR 과 CBD에 대해서도 내성이 좋은 품종을 찾아내 2010년 케냐커피연구소CRI, Coffee Research institute가 바티안Batian 품종을 개발했습니다.

베리보러 Coffee berry borer, CBB

브라질에서는 브로카Broca(Hypothenemus hampei)라고 불립니다. 벌레가 체리 내부에 들어가 산란하고, 유충이 종자를 먹어서 피해를 줍니다. 성충은 1.66mm 이하인 검은 벌레입니다. 이 벌레의 침입을 받은 생두는 전량 폐기해야 합니다. 2013년 하와이에서 발생해, 하와이코나에 괴멸적인 타격을 입혔습니다.

7 품종으로 커피콩을 선택한다
카네포라종과 하이브리드 품종 편

chapter1
카네포라종

현재 카네포라종 생산량은 전체의 40% 전후로, 30년 전과 비교하면 10%가량 증가한 것 같습니다. 일본의 수입량 중 35~45%가 카네포라종입니다. 가격이 싸기 때문에 아라비카종 증량재로 혹은 인스턴트커피와 공장생산형 제품에 사용되는 등 주로 디스카운트 시장을 형성하고 있습니다. 이 책에서는 아라비카종에 대해 해설하고 있지만, 카네포라종은 아라비카종과 자연교잡에 의해 하이브리드 티모르 품종의 한 부모가 되었고, 이후 아라비카종에 지대한 영향을 주고 있습니다.

카네포라종은 간편한 내추럴 정제가 대부분이며, 최근 20년 동안 품질은 저하되고 있습니다. 산미가 없이 탁한 잡미와 쓴맛이 도드라지며, 풍미는 탄 보리 같은 느낌입니다. 그러나 이탈리아와 프랑스, 스페인에서는 에스프레소용으로 많이 사용되고 있습니다.

커피 시장원리로 보면 가격이 싼 카네포라종은 일정한 수요가 있겠지만, 카네포라종의 시장 점유율 확대는 커피 전체의 풍미 평균을 떨어뜨릴 수 있습니다. 다만 카네포라종은 저지대 재배(저지대 쪽이 경작면적이 넓음)가 가능해 수확량이 많고, 그곳을 기반으로 살아가는 농가의 생활을 지탱해주는 게 사실입니다. 기후

동티모르의 카네포라종

카네포라종

변화에 따른 생산량 감소는 아라비카종만의 문제가 아니어서 카네포라종도 적잖은 영향을 받고 있습니다. 향후 커피 품종 및 생산량과 소비량이라는 구조적인 문제로서 인식할 필요도 절실하다고 봅니다.

관능평가

카네포라종 생산국에서 얼마간의 샘플을 모아 미각센서에 돌려보았습니다. 라오스산과 베트남산 카네포라종 일부는 고도 1,000m 정도에서 재배하는 새로운 시도를 하고 있으며, 이들은 파인 로부스타fine Robusta라는 이름으로 불립니다. WIB는 인도네시아 워시드, AP1은 내추럴입니다. 브라질(전체 생산량의 30%에 이르고, 주로 브라질 국내에서 소비), 탄자니아도 카네포라종 생산이 많아서 게재했습니다.

기회가 생긴다면 카네포라종의 풍미를 체험해 보면 좋겠습니다.

카네포라종의 기본 풍미

풍미는 탄 보리차 같은 맛으로, 무겁고 쓴맛이 강해서 아라비카종과는 근본적으로 다릅니다. 미각센서에서도 파인 로부스타에 비해 기존 카네포라종은 산미가 없는 것을 알 수 있습니다.

각 생산국의 카네포라종(2018-2019crop)

H=Honey W=Washed N=Natural

chapter 2
리베리카종

리베리카종은 3대종 중 하나로 알려졌지만, 유통량이 매우 적고 마실 기회도 거의 없습니다. 라이베리아, 우간다, 앙골라에 자생했는데, 19세기 말 녹병으로 괴멸 상태였던 아라비카종의 대체품종으로서 인도네시아로 들여왔습니다. 현재는 필리핀과 말레이시아에서 재배되지만, 주로 관광 수요입니다. 고도가 낮은 열대 고온다습에도 견디고, 높이 9m까지 나무가 자라며 잎도 크고 알도 큰 것이 특징입니다.

바라코 커피Barako coffee('강하다'는 의미)는 필리핀에서 재배되어 주로 그 지역에서 판매되는 리베리카종으로, 수출되지는 않습니다. 리베리카는 카페인 농도가 매우 낮아서, 아라비카종 1.61g/100g, 카네포라종 2.26g/100g에 비해 리베리카는 1.23g/100g입니다.

하와이코나의 그린웰 농장에서는 리베리카종 묘목에 티피카 품종을 접목* 시키고 있었습니다. 제가 실제로 체험해보니, 너무나 불편하고 손이 많이 가는 작업이었습니다.

* 대목(리베리카)에 칼집을 넣어 티피카 품종을 꽂아 융합시킵니다. 병충해에 강한 대목의 성질에다 티피카 품종의 유전자를 그대로 이어받게 됩니다.

리베리카종의 기본 풍미

맛은 평이하고 산미는 적습니다. 흐릿하게 로부스타 풍미에 가까운 향이 살짝 나지만 개성은 없습니다. 약간 크리미하면서 약품 취 같은 여운이 남는 콩도 있습니다.

유게니오이디스종

코페아속은 120개 이상의 개별 종으로 구성되어 있습니다. Coffea arabica, coffea canephora, coffea liberica가 재배되는 종으로 알려졌지만, 아라비카의 부모종으로서 코페아 유게니오이디스 Coffea eugenioides가 있습니다. 이 종은 동아프리카 고원지대에 자생하는데 카페인 함유량이 아라비카종의 절반에 불과하며, 쓴맛이 적다고 알려져 있습니다. 유통되지 않는 종이었으나, 콜롬비아 농원에서 재배해 2021년 세계 바리스타선수권에 출품했습니다.

chapter 3

하이브리드 티모르 품종Hibrido de Timor

아라비카종은 자가수분하기 때문에 한 그루의 묘목을 키워 과일을 수확하면서 개체수를 늘릴 수 있습니다. 반면 카네포라종은 자가수분하지 않습니다.

본래 아라비카종과 카네포라종은 자연교잡하지 않지만, 1920년 동티모르에서 아라비카종과 카네포라종 간 자연교잡종이 발견돼 하이브리드 티모르Hibrido de Timor(이하 HdeT)라는 이름이 붙여졌습니다.

이 품종 발견으로 다른 아라비카종과의 교잡이 가능해지고, 녹병에 내성이 있는 카티모르Catimor, 사치모르Sarchimor 등 하이브리드 품종이 탄생했습니다. 이들 하이브리드 품종은 녹병에 내성이 있어 많은 산지에서 재배되고 있습니다.

HdeT 품종은 아라비카종으로 구분되지만, 일반 유통은 되지 않기 때문에 동티모르에서 직접 공수해 테이스팅했습니다만, 풍미는 카네포라종보다 아라비카종에 가까웠습니다.

동티모르

하이브리드 티모르 품종

chapter 4
카티모르 품종

카티모르 품종

아 라비카종의 경우, 유전적 다양성이 적고 녹병 등에 약하다는 단점이 있습니다. 따라서 녹병이나 병충해가 발생하면 대부분의 아라비카종이 한꺼번에 소멸해버릴 위험이 생깁니다. 그런 위험에 대비해 1959년 포르투갈의 연구소에서 개발한 것이 카티모르 품종입니다. 고수확, 고내병성, 고밀도 재배가 가능한 품종으로 HdeT와 카투라Caturra의 교잡으로 태어났습니다.

카티모르 품종은 급속하게 확대되어 인도네시아, 중국, 인도, 필리핀, 라오스 등 아시아권과 코스타리카를 비롯한 중미 지역에서 재배되고 있습니다.

아시아권의 많은 지역에서 재배하는 카티모르 품종은 맛이 무겁고 약간 탁한 느낌이 있습니다. 가령 수마트라 만델린의 티피카계 품종과 카티모르계 아텐 품종, 윈난 티피카 품종과 카티모르 품종 등은 관능적으로 구별이 가능합니다.

그러나 카티모르 품종이라도 완숙한 콩을 수확해 제대로 건조하면 명확한 산미와 바디가 만들어질 가능성은 있다고 봅니다. 인도의 CCRICentral Coir Research institute는 HdeT와 다양한 아라비카종을 교잡해 상업재배를 위한 13개의 카티모르 품종을 개발했습니다. 2022년에 개최된 인도 인터넷 옥션에는 그 중 셀렉션9이라는 품종이 출품됐지요. 또 T-8667이라는 카티모르 품종이 1978년 브라질 UFV대학교에서 코스타리카 CATIE로 보내졌고, 이후 중미 여러 국가에 전해졌습니다. 코스타리카 CATIE는 T-8667을 추가 선택해 95개의 품종을 작성했으며, 온두라스 커피연구소IHCAFE는 렌피라라는 품종을 만들었습니다. 엘살바도르의 살바도르커피연구소ISIC 역시 T-8667을 이용해 카티식Catisic 품종을, 콜롬비아는 카스티조 품종을 탄생시켰습니다.

아시아권의 커피는 카티모르 품종이 많으므로 체험해 보시면 좋겠습니다.

관능평가

아래 그래프는 아시아 생산국의 카티모르 품종을 미각센서에 돌려본 것입니다. 비교를 위해 미얀마산 SL 품종을 추가했습니다. SL 품종에 비해 카티모르 품종은 전체적으로 산미가 약한 경향을 보입니다.

단, 아시아권에서 재배되는 건조가 잘된 카티모르 품종에는 명확한 산미가 있습니다. 그러나 구연산보다 초산계 산미로 느껴집니다.

아시아 생산국의 카티모르 품종(2019–2020crop)

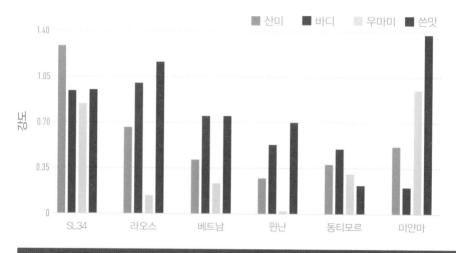

이 샘플의 경우, SCA 방식으로 평가한 저의 점수는 SL 품종 83점, 그 외는 모두 80점 이하였습니다.

관능평가와 미각센서 사이에는 r=0.9387로 높은 상관성을 보였습니다.

아시아 생산국의 내추럴 정제

chapter 5
카스티조 품종

카스티조 품종

카 스티조Castillo 품종은 FNC(콜롬비아 커피생산자연합회)의 연구부문인 세니카페Cenicafé가 콜롬비아 품종(HdeT와 카투라 교잡종)으로 개발한 것입니다. 2005년 처음 등장한 후 2009~2014년에 콜롬비아 각지로 많은 묘목이 퍼져 재배되기 시작했습니다.

카스티조 품종의 경우, F1(잡종 제1대 =F1 hybrid, 서로 다른 두 계통의 교잡에 의해 생겨난 제1세대째 자손)은 나무 키가 작고 녹병에 강했는데, F2는 키가 고르지 않아 여러 번 교잡을 반복한 끝에 F5에서 안정되었습니다. 40종의 클론이 있으며, 콜롬비아 각 지역과의 적합성을 고려해 재배되고 있습니다. 카투라 품종보다 생산성이 높고, 수프레모(큰 알)가 많이 열린다는 특징이 있습니다.

또한 녹병파 CBD에 내성이 있어서, 콜롬비아의 대표적인 품종이 되었습니다. 콜롬비아에서는 여러 클론을 각 현의 환경에 맞추어 분배했고, 현재 안티오키아현에는 Castillo El Rosario, 톨리

마현에서는 Castillo La Trinidad를 재배하고 있습니다.

카스티조 품종의 기본 풍미

FNC는 카투라 품종과 카스티조 품종 간 풍미 차이는 없다고 강조합니다. 하지만 고도가 높은 산지(1,600m 이상)의 경우, 카스티조 품종은 약간 무겁게 느껴지지만, 카투라 품종은 향이 좋고 감귤계 과일의 밝은 산미가 있습니다. 비교해 보면, 카투라 품종 쪽이 좀 더 클린한 듯합니다.

카스티조 품종

관능평가

2021년 2월에 개최된 콜롬비아 옥션 Colombia land of Diversity에서 카스티조 품종과 카투라 품종을 선택해 미각센서에 돌렸습니다. 이 옥션은 콜롬비아 생산지역의 다양성을 알리기 위해 FNC의 지원으로 개최되었습니다. 1,100개의 출품작 중 최종 26개 샘플로 좁혀졌는데, 옥션 평가점수는 따로 없었습니다. 이 샘플을 가지고 테이스팅 세미나 패널(n=20)들이 관능평가를 실시했습니다.

콜롬비아 카스티조 품종(2020-2021crop)

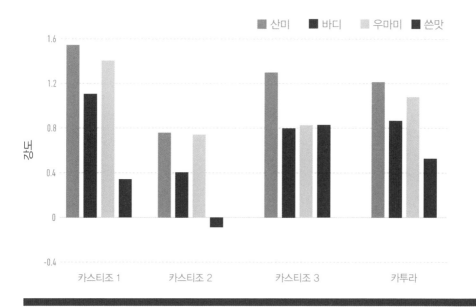

이 샘플들은 카스티조 1=83점, 카스티조 2=79, 카스티조 3=80, 카투라=85로 점수 차이를 보였습니다. 미각센서와 SCA 방식 점수 사이에는 r=0.6604로 약간의 상관관계가 있었습니다. 콜롬비아산 커피를 살 때는 품종 확인을 하고 고르기 바랍니다. 품종이 혼재된 경우도 많아 보입니다.

8 로스팅으로 커피콩을 선택한다

chapter1
로스팅이란

로스팅이란, 생두에 함유된 11% 전후의 수분을 전열(열의 이동)을 이용해 분쇄가 편한 2~3% 수준까지 감소시켜 추출에 적합한 원두 상태로 만드는 것입니다. 이 책에서는 이 같은 전열 작업을 '볶는다'라고 표현하겠습니다. 이 과정으로 생두 속 성분은 화학변화를 일으켜 분해되고 소실되거나 새로운 휘발성 및 불휘발성 물질을 생성합니다. 즉 이 과정은 커피 풍미에 큰 영향을 주기 때문에 그 프로파일(분석데이터 등)이 중요합니다. 마찬가지로 로스터(사람)에게는 생두의 포텐셜Potential(잠재성)을 이끌어내는 스킬이 필요합니다.

생두를 로스팅하면 수분이 증발해 세포조직은 수축하지만, 더 가열하면 내부가 팽창하며 벌집 같은 공간(다공질)이 만들어져 커피 성분은 세포 공간 내벽에 부착하고, 탄산가스와 함께 갇히게 됩니다. 이 세포 내 성분과 탄수화물(셀룰로스)을 열수로 용해하기 좋게 만드는 작업을 로스팅이라고 해도 좋을 것입니다.

생두에 함유된 6~8/100g 전후의 자당은 로스팅 온도 150℃ 부근부터 캐러멜화가 시작됩니다. 이후 아미노산과 결합해 메일라드반응(아미노-카보닐 반응, 갈색반응)이 일어나고 단향 성분과 메일라드화합물 등 복잡한 생성물이 만들어져 바디와 쓴맛에도 영향을 줍니다.

5kg 로스터로 로스팅

바로 이 메일라드반응이 일어날 때의 화력과 경과 시간이 커피 풍미에 큰 영향을 주는 듯합니다. 메일라드반응이 길면 점성(바디)이 증가하고, 짧으면 산acidity이 강해지는 경향이 있다고 알려졌지만, 열량과 시간 경과에 따른 변화 및 풍미를 검증하기는 현실적으로 어렵습니다.

소형 로스터의 경우 고도로 숙련된 로스터(사람)가 투입온도와 생두 양을 조정하고, 로스팅 과정에서 온도와 배기를 섬세하게 컨트롤하며, 팝핑 소리(탄산가스가 콩의 벽을 깨고 나오는 소리), 로스팅 시간, 색 등을 종합적으로 판단해야 합니다.

이러한 로스팅의 안정성을 위해, 2010년경부터 로스터에 프로그램을 연결한 후 프로파일에 맞추어 로스팅하는 방법도 증가하고 있습니다.

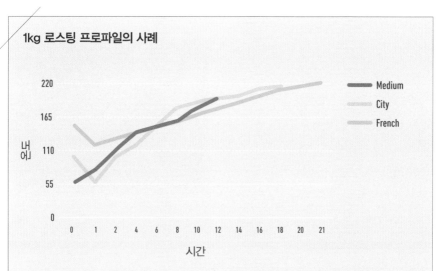

1kg 로스팅 프로파일의 사례

대략적으로는 150~160℃에 갈색 메일라드반응이 일어나며, 175~180℃에서 첫 번째 팝핑(미디엄 시작 부근), 200℃에서 두 번째 팝핑(시티로스트 시작 지점)이 시작되고, 여기서부터 진행은 빨라져 순식간에 프렌치까지 진행됩니다.

이렇게 보면 커피는, 튀김이나 돈가스의 180℃(튀김기름 온도)보다도 높은 온도로 볶아내는 식품입니다. 언젠가 카카오빈을 로스팅한 적이 있는데 110~130℃로, 커피보다 매우 낮은 온도였습니다.

*로스팅 온도는 로스터의 구조, 온도계 설치 위치 등에 따라 차이가 있으므로, 어디까지나 참고로 삼기 바랍니다.

chapter 2

로스팅의 안정성

로스팅의 안정성을 확인하는 단순한 방법으로는, 로스팅에 의해 소실되는 중량을 측정해 참고하는 것입니다. 이것으로 로스팅 규격을 정하는 것도 가능하다고 생각됩니다.

슈링키지Shrinkage(중량감소)를 기준으로 하여, 중량감소를 일정하게 컨트롤하면 된다는 의미입니다. 또 다른 방법으로 색차계의 L치(색의 밝기=명도)로 측정하는 것도 있습니다. 이 L치는 0이 흑이고 100이 백으로, 숫자가 클수록 밝은 색이 됩니다. 대형 로스팅회사에서는 이 색차계를 많이 사용하지만, 기계 가격이 매우 비싸서 자영업점에서 이용하는 사례는 거의 없습니다.

아래 표는 1kg 로스터를 이용해 생두 300g을 미디엄로스팅한 것입니다. 투입온도는 160℃, 가스압력 0.6, 배기 2.5로 통일해 7분 46초~8분간 로스팅했습니다. 샘플 로스팅이기 때문에 로스터를 세세하게 조작하지는 않았습니다.

1990년 제가 개업할 당시 구입한 후지로얄 개량 5kg

후지로얄 1kg 로스터로 300g을 로스팅 미디엄로스트

1kg 로스터	로스팅 시간	중량감소 (로스율) %	색차계 (색도계)	관능평가
케냐	7분 45초	11.6	20.6	살구잼 같은
페루	7분 57초	12.6	21.2	밝은 감귤계 산
과테말라	8분	12.8	21.0	오렌지, 하귤
콜롬비아	8분	12.8	21.4	자두, 라임, 귤

chapter 3

다양한 로스팅 정도의 커피

일본에서는 다양한 로스팅의 원두가 유통되고 있습니다. 그러나 제가 개업했을 때인 1990년의 일본시장에서는 미디엄로스트가 90% 이상을 차지했고, 강한 로스팅은 주로 아이스커피용이었습니다. 그래서 개업 당시 미디엄로스트(중배전), 시티로스트(중강배전), 프렌치로스트(강배전) 3종류를 로스팅한 뒤, 맛을 차별화하기 위해 가능한 한 시티로스트 이상의 강배전 원두를 고객에게 추천했습니다.

현재 일본에서 상용되는 8단계 로스팅으로 말하면, 라이트와 시나몬은 거의 유통되고 있지 않습니다. 또 8단계라고 해도 로스팅회사마다 미묘한 차이가 있으므로 아예 8단계로 구분하지 않는 곳도 많습니다.

전 세계 소비국을 보아도 로스팅 강도의 종류가 많은 나라는 드물고, 부르는 이름도 제각각입니다.

8단계 로스팅 구분은 오래전 미국에서 일부 사용했을 뿐, 현재는 거의 사라진 듯합니다. 가장 오래된 미국 커피단체인 전미커피협회National coffee Association USA*에서는 라이트로스트Light

Roast, 미디엄로스트Medium Roast, 미디엄다크로스트Medium-Dark Roast, 다크로스트Dark Roast 등 색에 따라 4단계로 구분하는 사례를 소개하지만, 로스팅회사에 따라 제각각입니다. 참고로 미디엄다크로스트 부근이 풀시티에 해당합니다. 다크로스트는 콩의 표면에 오일이 비치는 로스팅 포인트입니다.

* coffee Roasts Guide(ncausa.org)

다양한 로스터들

샘플 로스팅 기계(위, 좌), 5kg 로스터(위, 우), 덕트(아래, 좌), 애프터 버너(아래, 우). 애프터 버너는 고온에서 연기를 배출합니다.

지금은 거의 쓰지 않지만 유럽에서 오래전부터 사용되던 로스트 구분법으로, 저먼로스트German Roast, 비엔나로스트 Vienna Roast, 프렌치로스트French Roast, 이탈리안로스트Italian Roast라는 명칭도 있습니다.

제가 개업하기 전, 뉴욕으로 원두 판매점 시장조사를 하러 갔을 때는 이러한 표기가 자주 눈에 띄었습니다. 다만 현재의 유럽 로스팅 강도는 전체적으로 약배전으로, 일본의 미디엄로스트 정도가 많아 보입니다.

저는 생두의 풍미를 표현하기 위해서는 다양한 로스팅이 필요하다고 판단해, 8단계 로스팅 강도를 채택했습니다. 하지만 본래 강배전의 맛있는 커피를 지향해왔으므로 현재는 라이트, 시나몬, 미디엄로스팅은 하지 않고, 하이로스트부터 이탈리안로스트까지 5단계로 로스팅을 합니다.

8단계 로스팅 표시가 되어 있어도 각 회사 별, 로스터리 별로 로스팅 정도는 미묘하게 다르므로 대략적인 지표로 다음 페이지에 정리했습니다.

로스팅 정도에 따른 특징

어느 로스팅 포인트의 원두가 자신의 취향인지 찾을 때, 참고하기 바랍니다.

라이트
pH/ −
L치*/ −
로스율 / −
약배전으로 약간 곡물 취
(맥아, 옥수수)

시나몬
pH/ 4.8≦
L치/ 25≧
로스율 / 88〜89%
약배전, 레몬 같은 산, 너
트 및 스파이스

미디엄
pH/ 4.8〜5.0
L치/ 22.2
로스율 / 87〜88%
첫 번째 팝핑**부터 그 종
료 부근까지. 산미가 강하
고, 액체가 약간 탁함, 오
렌지

하이
pH/ 5.1〜5.3
L치/ 20.2
로스율 / 85〜87%
미디엄 종료부터 두 번
째 팝핑 직전까지. 산뜻한
산미, 꿀, 자두

시티
pH/ 5.4〜5.5
L치/ 19.2
로스율 / 83〜85%
두번째 팝핑 시작 부근,
강배전의 초입. 부드러운
산미, 바닐라, 캐러멜

풀시티
pH/ 5.5〜5.6
L치/ 18.2
로스율 / 82〜83%
두 번째 팝핑 피크 전후,
프렌치와 차이가 어려운
포인트. 초콜릿 같은.

프렌치
pH/ 5..6〜5.7
L치/ 17.2
로스율 / 80〜82%
두 번째 팝핑 피크부터
종료 직전까지.
다크초콜릿 색으로 콩 표
면에 은근히 기름이 뜬
상태. 비터초콜릿

이탈리안
pH/ 5.8
L치/ 16.2
로스율 / 80%
프렌치보다 강배전. 배기
가 나쁘면 탄향이 부착된
다. 검은색에 가깝다.

* L(light)치 = 분광색차계 SA4000(일본전색공업제)를 사용.
** 팝핑=콩의 온도가 100℃를 넘으면 수분이 증발하며 건조되어 갑니다. 온도가 더 높아지면 콩 안에 탄산가스가 발생
하는데, 표면에 생긴 기포에서 탄산가스가 터져 나올 때의 소리를 말합니다.

chapter 4
로스팅 정도 선택 방법

기본적으로는 생두를 샘플 로스팅해 테이스팅하며 산미와 바디의 강도를 판단하지만, 프로들에게도 어려운 일입니다. 많은 시행착오 끝에 체득되는 스킬이라고 할 수 있습니다.

사메이카산 티피카 품종처럼 연질의 콩은 섬유질이 부드러워서 열이 잘 전달되기 때문에 탈 가능성이 크므로 하이로스트에서 멈춰야 합니다. 반면 케냐산처럼 단단한 콩은 프렌치로스트까지 로스팅이 가능하다는 것도 알게 됩니다.

오른쪽 페이지의 사진은 케냐산과 수마트라산 미디엄로스트 원두를 커팅해 단면을 주사전자현미경*으로 본 것입니다. 로스팅이 진행됨에 따라 생두에 세포 공간이 만들어져서 다공질구조(허니컴 구조)가 형성되고 가장 강한 이탈리안에서는 세포 공간이 깨지는 곳도 생기면서 기름이 새어나게 됩니다.

현미경의 배율을 높여 500배로 보면 케냐산은 수마트라산에 비해 세포 공간이 많지 않은 걸 확인할 수 있습니다. 콩

질이 단단하기 때문입니다. 그래서 강배전이 가능한 것입니다.

따라서 각 산지 생두의 잠재적 풍미를 살리려면 적절한 로스팅 정도를 찾아야 합니다. 미디엄에 적합한 콩, 하이까지 가능한 콩, 프렌치에도 풍미가 사라지지 않는 콩이 따로 있기 때문입니다. 대략적으로 연질의 콩Soft bean보다 경질의 콩Hard bean이 강배전에 적합할 가능할 가

케냐 로스팅 100배

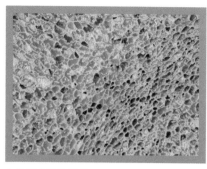

수마트라 로스팅 100배

케냐 로스팅 500배

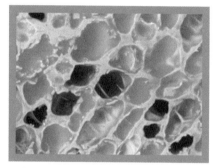

수마트라 로스팅 500배

* 일본전자㈜ JMC−7000주사전자현미경사용

능성이 있습니다.

경질의 콩을 외관과 경험치에서 판단하면 (1) 밀도가 높은 콩, (2)비중 선별된 콩, (3) New Crop(그해 수확), (4) 동일 위도라면 고도가 높은 산지의 콩, (5) 지질과 산 함유량이 많은 콩 등을 들 수 있습니다.

이러한 콩은 속이 꽉 차 있기 때문에 미디엄로스트에서는 콩이 잘 부풀지 않고 주름이 많은 경향이 있습니다. 반면

시티로스트와 프렌치로스트처럼 강한 로스팅에도 풍미가 흔들리지 않습니다.

오랜 경험치로 판단하건대 탄자니아보다 케냐, 콜롬비아 북부산보다 남부, 과테말라 안티틀란보다 안티구아, 코스타리카의 토레스리오스보다 타라주의 콩 등이 강배전에 어울릴 가능성이 있습니다.

이런 내용을 참고해 적절한 로스팅 정도를 결정합니다.

chapter 5

로스팅 정도에 따른 풍미의 변화

로 스팅에 의해 커피의 다양한 풍미가 만들어지며, 로스팅 정도에 따라 산미, 쓴맛, 단맛과 바디 등이 미묘하게 변합니다.

산미와 쓴맛은 로스팅 정도로 구분하기 어렵지 않지만, 단맛과 바디를 판단하기는 어려워서 연습이 필요합니다.

로스팅 정도에 따른 풍미 차이의 사례

로스팅 정도	pH	산미	쓴맛	단맛	바디
미디엄	pH5.0	명확한 산	가벼운 쓴맛	부드러운 단맛	가벼운
시티	pH5.3	가벼운 산	기분 좋은 쓴맛	단 여운	매끄러운
프렌치	pH5.6	섬세한 산	명확한 쓴맛	단 향기	질감이 있는

관능평가

    아래 그래프는 로스팅 정도가 다른 3종의 커피를 미각센서에 돌린 것입니다.

    산미는 미디엄로스트가 강하고, 프렌치로스트는 산미가 약한 대신 쓴맛이 강한 것을 알 수 있습니다. 우마미는 어느 로스팅에서든 밸런스 좋게 나타나지만, 쓴맛은 미디엄로스트에 많이 보입니다. 이 결과가 모든 것을 대변하지는 않지만, 로스팅 정도에 따른 풍미 변화 추이는 파악할 수 있을 것입니다.

로스팅 정도에 따른 풍미의 차

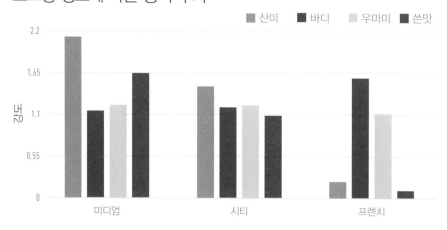

    로스팅 정도는 취향의 영역이므로 각자 자유롭게 선택하면 됩니다. 저는 프렌치로스트에, 탄맛과 배기의 스모키함이 없으며, 부드러운 쓴맛 가운데 은은한 산미와 단맛이 느껴지는 콩을 좋아합니다. 가루 양을 많이 해서 농도가 짙은 커피를 즐겨 마십니다.

chapter 6
원두 보관방법

로스터리 카페의 경우 비교적 신선
한(막 로스팅한) 콩을 판매하지만,
일반 매대에서 판매되는 원두의 포장지
에는 유통기한(유통기한에는 명확한 기준이
없고, 각 사가 임의로 설정한다)이 인쇄되어
있습니다. 로스팅 일자가 기재되지 않은
원두라면 언제 로스팅한 것인지 물어서
확인하는 게 좋습니다.

열수를 부었을 때 탄산가스가 방출되
어 가루가 부풀어 오르는 경우 선도가
좋다고 판단해도 무방합니다. 다만 약·
중배전은 강배전에 비해 수분이 덜 빠져
있기 때문에, 가루가 덜 부풀게 됩니다.

원두 보관의 기본은, 콩과 가루를 불
문하고 냉동보관입니다. 알루미늄 포장
은 비교적 보존성이 좋고, 비닐 등은 공
기가 투과됩니다. 최근에는 밸브(탄산가
스가 빠지지만, 공기는 들어가지 않는 구조)
가 붙은 포장재도 많아서 막 로스팅한
원두 포장에 편리합니다만, 상온보관에
는 한계가 있습니다. 로스팅 일자가 불
명확한 원두는 포장재질, 유통기한에 상
관없이 바로 (지퍼백 등에 넣어 밀봉) 냉동

보관해 산화를 멈추게 하는 것이 좋습니
다. 일본공업규격JIS에 의해 가정용 냉장
고의 냉동실 온도는 -18℃로 정해져 있
습니다. 이것은 미생물이 증식할 수 없
는 온도입니다. 대학의 연구실에서 사용
할 때는 로스팅 후 진공 포장한 후 다시
냉동용 지퍼백에 넣어 -30℃ 냉동 보관
합니다.

로스팅 후 1주일 이내의 신선한 콩 취급 방법

1／ 　상온보관할 경우, 병이나 캔에 넣어 냉암소(빛, 공기, 열을 피해)에서 3주 정도까지는 맛있게 마실 수 있습니다. 막 볶은 원두를 사서 당일, 3일 후, 7일 후, 14일 후, 21일 후에 마셔보면 그 커피의 풍미 변화나 가장 맛있는 시점을 알게 됩니다. 한번 시험해 보기 바랍니다.

2／ 　막 로스팅한 원두(개봉하지 않은 상태)라도 2~3개월이 지나면 풍미가 떨어집니다(단, 회사에 따라 견해는 다르며, 유통기한을 1년 이상으로 설정하는 곳도 있습니다). 구입 후 바로 원두를 냉동용 밀봉 포장재(지퍼백 같은)에 넣어, 냉동고에 보관하세요. 사용 후에는 다시 밀봉 후 냉동 보관합니다. 로스팅한 원두의 수분치는 2% 정도이기 때문에, 단단하게 어는 일은 없어서 상온으로 돌리는 시간이 필요치 않습니다.

투명 보관 용기에 의한 열화

　장기간 상온보관된 원두는 산패(유지분의 지방산이 공기로 산화되어 좋지 않은 냄새가 발생함)해 갑니다. 또 스테일링이라는 열화는 원두와 가루가 습기를 흡수해서 이상한 산미가 나는 것을 말합니다. 추출액을 장시간 보온할 경우 신맛이 강해지는 것과 같습니다.

막 로스팅한 원두라면 보관 용기에 넣어 상온에서 3주 정도는 맛있게 마실 수 있습니다. 오래 보관할 때는 반드시 냉동고에 넣어주세요.

싱글오리진과 블렌딩 원두

1990년 제가 개업했을 당시 대부분의 커피숍 메뉴는 '블렌드'라고 표기되어 있었습니다. 아주 일부 커피전문점이 콜롬비아, 브라질 외에 프리미엄 블루마운틴 등을 제공하던 시대였습니다. 이들 커피는 블렌드 커피에 대항한 말로 '스트레이트'라고 불렸습니다. 블렌드는 로스팅회사의 오리지널 배합으로, 고객들도 커피숍에 들어가면 '커피'보다는 '블렌드 주세요.'라고 주문했습니다.

2000년대로 접어들면서 서서히 생산국 농장 이름의 커피가 유통되기 시작했습니다. 2010년경부터는 생산자와 거리가 좀더 가까워지고, 생산이력까지 알 수 있는 커피가 늘었습니다. '싱글오리진(이하 SO)'이라는 말이 사용되면서 붐이 일기 시작했습니다. SO가 아니면 커피가 아니라는 풍조마저 생길 정도였습니다. 물론 뛰어난 품질의 커피는 개성적인 풍미가 있으므로, 그대로 마시는게 좋을 수도 있습니다.

그러나 시대가 어떻게 변하든 회사나 가게의 커피에 대한 가치관이나 주체적인 풍미는 블렌드에 나타난다고, 30년 커피업에 종사한 사람의 경험으로 말할 수 있습니다. 따라서 처음 경험하는 회사나 가게의 원두를 구입할 때는, 오리지널 블렌드에 도전하는 것이 좋을 듯합니다.

저는 많은 SO을 사용했지만, 동시에 많은 블렌드도 만들어 왔습니다. SO 붐이 한창이던 2013년에 블렌드를 정리해 만든 것이 블렌드 #1부터 블렌드 #9입니다. 블렌드 작성에는 고정관념에 물들지 않는 상상력이 필요합니다. 머릿속으로 생각한 풍미의 이미지를 표현하기 위해서는 싱글오리진의 풍미를 이해하지 않으면 안 됩니다. 궁극의 블렌드 풍미는 싱글오리진에는 없는 안정적인 풍미＋복잡성이라고 생각합니다.

이 9개 블렌드의 특징은 1의 하이로스트부터 9의 이탈리안로스트까지, 서서히 로스팅 정도가 강해지는 것과 동시에 각각의 블렌드가 풍미에 의해 정리된다는 것입니다.

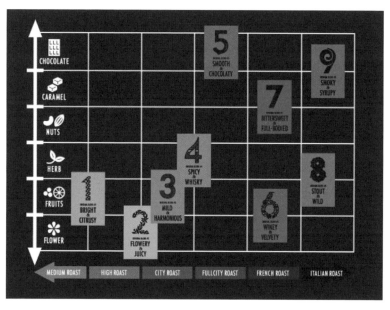

#1 BRIGHT & SILKY : 경쾌하고, 산뜻하고, 화사한 미디엄~하이로스트
#2 FRUITY & LUSCIOUS : 다양한 과일감이 섞인, 다채롭게 프루티한 커피
#3 MILD & HARMONIOUS : 다양한 풍미가 깔끔하고 부드럽게 퍼지는 블렌드
#4 AROMATIC & MELLOW : 복잡한 풍미를 추구하면 커피는 요염해집니다
#5 SMOOTH & CHOLOATY : 쓴맛이 부드러우며, 달고, 매끄러운 혀의 감촉
#6 WINEY & VELVETY : 매끄러운 혀의 감촉의 레드와인을 연상시키는 커피
#7 BITTERSWEET & FULL-BODIED : 'The 강배전'을 목표로 하는 궁극의 블렌드
#8 PROFOUND & ELEGANT : 명확한 쓴맛, 제대로 마신 듯한 한 잔, 화사함
#9 DENSE & TRANQUIL : 쓴맛 가운데 단 향이 있으며, 점성이 지속되는 풍미

개성적인 풍미의 SP를 사용해 새로운 풍미를 상상하며 만들어가는 것으로, 이 블렌드의 풍미를 매년 지속하기 위해서는 항상 많은 싱글오리진이 필요합니다.

또 로스팅 횟수가 많아져서 대형 로스터로 한 번에 로스팅하는 것은 불가능합니다. 한마디로 손이 많이 가는 작업이라고 할 수 있습니다.

chapter 8

좋은 원두의 품질 구별법

원두를 구입할 때에는, 외관으로도 품질이 좋은지 아닌지 판단이 가능합니다. 아래 내용을 참고하시기 바랍니다.

포장된 원두를 큰 볼 같은 그릇에 부어주세요

1 / 로스팅 강도가 다른 콩을 블렌딩한 경우를 제외하고, 전체적인 색이 균일하지 않은 것은 정제 과정에서 건조가 균일하지 않았기 때문입니다. 풍미에는 혼탁함이 발생합니다.

2 / 미숙두는 완숙된 콩에 비해 자당이 적어서 갈색으로 잘 변하지 않으므로 연한 색상이 눈에 띕니다. 혼탁함과 자극적인 떫은맛을 동반합니다.

3 / 쪼개진 콩과 벌레 먹은 콩(구멍이 있음)이 섞여 있지 않아야 좋은 것입니다.

4 / 표면에 비치는 오일분은 풍미에 문제가 없지만, 시간이 많이 경과했을 경우에는 풍미 변질 가능성이 있습니다. 좋은 콩은 눈으로 봐도 예쁩니다.

추출할 때에도 확인이 가능합니다

선도가 좋은 콩은 탄산가스와 함께 향기 성분도 남아 있습니다. 신선한 커피는 가루의 향(프레그런스)이 진하고, 페이퍼드립으로 추출할 때 열수를 부으면 가루가 잘 부풀어 오릅니다.

가루가 잘 부풀어 오르면 신선

PART 4

커피를 평가한다

커피의 풍미는 복잡하고 그 종류도 너무나 많아서, 수많은 커피들 중 하나를 선택하기는 참으로 어렵습니다. 그렇게 선택한 커피에 대해 스스로 풍미를 판단하는 것은 멋진 일입니다.

PART 4에서는 커피를 맛본다는 관점보다 '무엇이 좋은 커피이고' '무엇이 뛰어난 풍미이며' 마지막으로 '무엇이 맛있는 커피인가'를 평가(판단)하기 위한 지침을 정리해 보았습니다. 다소 어려울 수 있지만, 커피 일에 관련된 분이나 소비자가 좋은 커피가 무엇인지를 객관적으로 평가할 줄 아는 것은 정말로 중요합니다.

처음에는 어렵더라도, 체험을 쌓다 보면 서서히 이해할 수 있게 됩니다. 좌절하지 말고, 장기적인 시점으로 자신의 스킬을 높여 가시기 바랍니다.

1 커피를 평가하기 위한 어휘를 이해한다

chapter 1
커피 풍미를 언어로 표현한다

커피 향미를 오감으로 느낄 때, 그 콩의 풍미가 우리의 잠재적인 기억 속에 머무를 수도 있지만, 잊혀버릴 가능성도 큽니다.

어떤 풍미를 기억해 내려면 말이 필요하고, 그 언어를 기억의 서랍 속에 넣어 두는 것이 중요합니다. 그리고 해당 언어는 타인과 공유할 수 있도록 구체적이며, 객관적일 필요가 있습니다.

어휘는 커뮤니케이션 수단으로서 중요하지만, 뛰어나고 특징적인 커피 풍미를 언어로 표현하려는 시도는 역사가 그리 깊지 않은 실정입니다. 와인처럼 언어가 정비되고 평가 견해가 정립되지도 않았습니다. 그런 의미에서 커피 어휘 연구는 발전단계라고 할 수 있습니다.

풍미의 표현과 관련해 특정 식품에서 느껴지는 향이나 맛의 특징을 유사성과 전문성을 고려해 원형 및 층 형태로 나열한 '플레이버 휠Flavor Wheel'이 있습니다. 맥주, 일본주(사케), 된장, 홍차 그 외 많은 식품의 플레이버 휠이 작성되어 있습니다. 커피의 경우 SCA가 작성한 플레이버 휠이 주로 사용됩니다. 미국에서 작성된 SCA 플레이버 휠은 잘 만들어지기는 했으나, 풍미는 식문화에 영향을 받는 문제이므로 국가와 인종에 따라 감각은 미묘하게 달라집니다. 참고하는 것은 좋겠지만 복잡해서 프로조차 경험이 필요하며 완전히 소화하기는 어려워 보입니다.

SP의 경우라도 그 풍미를 언어로 쉽게 표현할 수 있을 만큼 뛰어난 품질의 커피는 많지 않습니다. SCA 방식으로 말하자면, 80점부터 84점대 커피의 풍미에 대해서는 간단하게 언어화할 수 없습니다. '감귤계 과일의 밝은 산미, 차분한 바디가 있으며, 단 여운이 지속됩니다. 결점의 나쁜 풍미가 없고, 깨끗한 맛입니다.' 정도라면 좋다고 생각합니다. 다만 85점 이상이라면, 각 생산지역과 품종이 만들어내는 특징적인 풍미가 보이기 때문에 표현의 어휘가 늘어나지만, 유통되는 커피 중에는 매우 적을 것입니다.

적절한 풍미 표현은 많은 사람과 공통적으로 인식하는 것이 중요합니다. 커피 어휘집 연구가 시급한 이유가 바로 이 때문입니다. 처음에는 너무 많은 어휘를 사용하는 것보다 '기분 좋은 향, 꽃 같은 향, 향이 강한, 산미가 강한, 산뜻한 산미, 화사한 인상, 단맛이 있는, 단 여운이 남는, 혼탁함을 느끼는 등' 간단하게 2~3개 단어로 표현하는 것이 좋습니다. 풍미를 의식하며 커피를 마시는

플레이버 휠

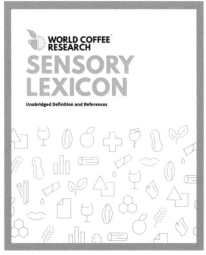

WCR 의 LEXICON

습관을 들이면, 자연스럽게 미각이 개발되고 어휘가 늘어갈 것입니다.

SCA의 플레이버 휠이 개정되어 관능평가에 이용되고 있지만, 두 가지 관점에서 실제로 운영하기는 어려워 보입니다. 하나는 미국인의 감각으로 만들어졌다는 것. 다른 하나는 좋은 풍미의 플레이버는 SCA 방식으로 85점 이상 커피에서 느껴지는 것으로, 지극히 소량이기 때문입니다.

WCR이 작성한 렉시콘LEXICON(어휘집)은 매우 훌륭해서 각 용어의 정의가 정리되어 있으며, 강도를 중시하는 점이 획기적입니다. 그러나 미국의 식품을 베이스로 구축되어서 일본과 유럽에서 사용하기는 쉽지 않을 것 같습니다. 또 커피 연구자와 과학자를 대상으로 한 것이기 때문에 전문성이 높아서, 일반 커피 관계자에게는 맞지 않습니다.

chapter 2

향의 용어

향은 후각으로 느낍니다. 커피 향은 가루의 향인 프레그런스와 추출액의 향인 아로마로 구분되며, 이를 종합적으로 평가합니다.

향은 맛과 일체이므로 구분하는 것이 어려워서, 향미라는 단어도 사용됩니다. 지금까지 제가 테이스팅 세미나에서 사용해 온 향과 관련한 어휘에 대해서 리스트업해 보았습니다.

다만 익숙하지 않으면 사용이 어려울 수 있으니, 좋은 향이라면 '기분 좋은 향' '꽃 같은 향' 등 간단한 어휘로도 충분합니다.

플로랄Floral Note의 어휘

용어	영어	향	속성
플로랄	Floral	많은 꽃의 단 향	재스민
프루티	Fruity	잘 익은 과일의 단 향	대부분의 과일
스위트	Sweet	단 향	캐러멜
허니	Honey	꿀처럼 단 향	꿀
시트러스	Citrus	감귤계의 상큼한 향	오렌지
그린	Green	녹색 풀이나 잎의 신선한 향	잎, 잔디
어시	Earthy	흙의 향	흙
허벌	Herbal	허브 전체의 향	약초
스파이시	Spicy	향신료의 자극적인 향	시나몬

* 히라야마 노리아키 《향의과학》, 황소자리, 2019
* 토미나가 히데토시 《아로마파레트로 놀자》, 와인왕국, 2006
* Ted R. Lingle, The Coffee Cupper's handbook, 1986

chapter 3

과일의 용어

'**커**'피는 과일'이라고도 이야기하는 것처럼, 풍부한 과일감을 느끼게 해주는 커피도 늘고 있습니다. 그러나 그런 풍미는 게이샤나 파카마라, SL 품종과 에티오피아산 커피 중 일부에 한정됩니다.

아래 표는 케냐산 커피를 테이스팅 세미나에서 시음한 후의 표현 중 과일계 언어를 선택하여 정리한 것입니다.

케냐산 커피 테이스팅 세미나에서의 표현 사례 n=30

케냐 산지	테이스팅
Kirinyaga	레몬, 오렌지, 농축감이 있으며 클린함
Kirinyaga	라임, 오렌지, 토마토, 섬세, 단 여운
Kirinyaga	백포도, 매실, 클린하며 섬세함
Nyeri	자두 및 멜론 같은 단맛이 강함
Nyeri	향이 좋음, 자두, 블루베리, 무화과의 단맛
Nyeri	체리, 블루베리, 자두 같은 과일감
Embu	자몽, 청매실, 토마토
Embu	밝은 산, 단 여운
Embu	명확한 산과 바디, 과일감
kiambu	레몬, 체리, 토마토
Kiambu	명확한 산의 윤곽이 바디를 돋보이게 하는
Kiambu	향이 높고, 화사한 과일의 산미와 바디의 밸런스가 좋음

chapter 4

텍스처의 용어

入안의 감각기관이 느끼는, 자극으로 감지되는 유동적 특성을 말합니다. 복수 성분이 어우러져 일어나는 입안의 농축감을 텍스처라고 합니다. 입안에서 느낄 수 있는 물리적 특성으로, 책에서는 바디body라는 동의어를 사용합니다.

생두에 함유된 12~18%/100g 정도의 지질은 바디에 큰 영향을 미칩니다.

또 추출액에 부유하는 미세한 콜로이드(지질과 침전물)는 입안 감촉에 질감을 주지만 매우 미량입니다.

어려운 감각이므로 구강 내에서 감지되는 점성, 매끄러움, 복잡함, 두께 등을 의식해 주시기 바랍니다.

텍스처의 용어 사례

용어	영어	향	속성
크리미	Creamy	크리미한 혀의 감촉	지질량이 많음
무거움	Heavy	무거운 맛	추출 시 가루가 많음 외
가벼움	Light	가벼운 맛	추추 시 가루가 부족 외
매끄러움	Smooth	매끄러움	콜로이드, 지질량
두께가 있는	Thick	두께가 있는	용질이 많음, 등
복잡	Complexity	복잡한 맛	다양한 성분의 복잡성

chapter 5

결점의 용어

정제 과정의 문제로 인한 생두의 탁함(오염 등), 보관 중 성분변화, 로스팅에 의한 결함 등에 의해 발생하는 좋지 않은 쪽의 풍미를 말합니다.

보통은 CO에서 나타나지만, SP라 하더라도 내추럴 일부에서, 혹은 생두 보관이나 잘못된 로스팅으로 인해 발생하기도 합니다. 일본 입항 후 경시 변화가 진행돼 '건초와 볏짚의 맛'이 나는 사례도 종종 보입니다. 기본적으로는 결점 향미이기 때문에 파악하기 쉬운 편입니다.

결점의 맛

결점의 용어	영어	풍미	원인
시큼한	Aged	산, 지질이 빠진 맛	경시 변화, 지질의 열화
흙먼지 같은	Earthy	흙 같은 맛	건조공정의 문제
곡물	Grain	곡물 같은	로스팅 화력 부족
탄	Baked	탄 풍미	로스팅 시 급속 가열
배기취	Smokey	연기 냄새	로스팅 배기 불량
발효	Fermented	불쾌한 산의 맛	과완숙, 당분의 변질
평범	Flat	김 빠진 맛	배전에 의한 성분의 유리
죽은콩	Quaker	떫은맛, 이질적인 맛	미숙두
고무취	Rubbery	고무 같은 냄새	카네포라종에 많음
건초	Straw	건초, 지푸라기 냄새	보관 중 경시 변화
약품취	Chemical	염소, 화학약품	세균
곰팡이	Fungus	곰팡이 냄새	진균(곰팡이)
먼지 냄새	Musty	먼지 냄새	저지대산 등

* Ted R. Lingle, The coffee cupper's handbook, 2000 등을 참고로 필자가 작성

커피컵을 선택한다 2

커피컵은 개인적으로는 얇은 백자로 된 커피잔을 좋아하는데, 커피의 섬세한 풍미를 느낄 수 있기 때문입니다. 로얄코펜하겐(덴마크)과 구스타프베리(스웨덴), 로젠탈(독일)의 잔이나, 아리타야키 (사가현) 등을 사용하고 있습니다. 또 미드센추리Mid-Century(1950년 전후) 디자인의 북유럽 빈티지vintage도 자주 사용합니다. 커피잔을 달리 사용하면 마시는 즐거움도 커집니다.

일본의 1920년대부터 1960년대 빈티지 컵

◀ 로얄코펜하겐 컵

▶ 북유럽 구스타프 베리 컵

2 커피 평가하는 방법을 이해한다

chapter1
소비자도 가능한 관능평가

SCA의 품질평가는 생두 감정과 관능평가로 구성되며, SP 발전에 기여하는 훌륭한 도구입니다. 본래 커피업계 안에서도 수입회사나 로스팅회사의 전문가를 대상으로 하는 것으로, 커피 관계자가 모두 실시하는 방법은 아닙니다. 그러나 제가 주최하는 테이스팅 세미나에서는 일반인을 대상으로 하는 관능평가표를 2005년부터 사용하고 있습니다.

사실 이 평가방법은 워시드 정제 콩을 대상으로 만들어진 것입니다(당시는 뛰어난 내추럴이 많지 않았습니다). 따라서 2010년 이후 탄생한 에티오피아, 파나마 등의 뛰어난 내추럴에 대한 평가기준은 정해지지 않았습니다. 또 워시드의 화사한 산미를 평가하는 현재의 평가 기준으로는 산미가 적은 브라질산을 평가하는 데에도 어려움이 있습니다.

또한 일상적인 운용에는 시간이 걸립니다. 그 때문에 각 생산국의 수출회사나 수입회사, 로스팅회사 중에는 보다 간편한 독자적 관능평가표를 사용하는 사례도 많습니다.

이 커핑폼을 20년 가까이 사용해온 저로서는 SCA 관능평가의 이념을 계승하되 일반 소비자도 사용이 가능한, 간편하고 새로운 관능평가 방법을 작성해보고 싶다는 생각이 들었습니다.

chapter 2

호리구치커피연구소의 새로운 관능평가

새로운 관능평가 방법은 정확도를 높여가기 위해 테이스팅 세미나에서 실험을 계속하고 있습니다. 좀 더 좋은 도구로 정착시키는 것을 목표로, 여러 관계자와 의견을 나누며 보완해 나갈 생각입니다.

① SCA 방식을 기본으로 삼아, SCA 프로토콜에 준하여 실시합니다.

② 비교적 간단하게 실시할 수 있도록 관능평가표를 향aroma, 산미Acidity, 바디body, 클린함Clean, 단맛Sweetness 등 5개 항목으로 축소, 50점 만점으로 합니다. 내추럴 평가에서는 단맛을 대신해 발효취Fermentation를 넣었습니다.

③ Acidity는 pH(산의 강도)와 측정 산도(총산량), body는 지질량, Sweetness는 자당량, Clean은 산가(지질의 열화)를 평가 기준으로 삼았습니다. Fermentation에서는 발효취 유무를 봅니다.

샘플	향	산미	바디	클린	단맛	합계	테이스팅

이 방식은 (1) 평가 기준에 이화학적인 수치를 가미한 것입니다. (2) 현 시점에서 평가자는 모든 항목을 평가할 필요가 없으며, 자신이 아는 범위 내에서 서서히 평가 항목을 넓혀가면 좋을 듯합니다. (3) 또한 SP나 CO에 상관없이, 로스팅 정도나 샘플 추출방법에 상관없이, 어떤 커피든 평가하는 것을 최종 목표로 합니다. 편의상 새로운 관능평가 방식을 10점 방식이라고 명명했습니다.

10점 방식의 평가항목과 이화학적 수치의 관계

평가항목	평가 착안점	SP 의 이화학적 수치폭	풍미 표현
Aroma	향의 강약과 질	향기 성분 800	꽃 같은 향
Acidity	산의 강약과 질	pH4.75~5.1, 총산량 5.99~8.47ml/100g	산뜻함, 감귤계 과일의 산, 화사한 과일의 산
Body	바디의 강약과 질	지질량 14.9~18.4g/100g 메일라드화 합물	매끄러운, 복잡함, 두께가 있는, 크리미한
Clean	액체의 클린함	산가1.61~4.42(지질의 산화) 결점두 혼입	혼탁함, 클린함, 투명함이 있는.
Sweetness	단맛의 강도	생두 자당량 6.83~7.77g/100g	허니, 자당, 단 여운
Fermentatio	발효취 유무	과완숙, 발효취	발효취가 없는, 미발효 과육 취, 알코올 취

평가기준

	10-9	8-7	6-5	4-3	2-1
Aroma	향이 훌륭함	향이 좋음	약간 향이 있음	향이 약함	향이 없음
Acidity	산미가 매우 강함	산미가 기분 좋은	약간 산미가 있음	산미가 약함	산미가 없는
Body	바디가 충분함	바디가 있음	약간 바디가 있음	바디가 약함	바디가 없음
Clean	매우 클린함	깨끗한 맛	클린한 편	약간 혼탁함이 있는 맛	혼탁해진 맛
Sweetness	매우 단	단	단 편	단맛이 약함	단맛이 없음

SCA 방식과 10점 방식 간
관능평가 점수 상관성

S CA 평가 기준은 과거 20년 가까운 운용 역사를 통해 어느 정도 견해가 형성되었습니다. 새로운 평가방식은 두 평가방식 간 상관성을 가질 수 있도록 설계했습니다. 2020년부터 2022년까지 3년간 실시한 인터넷 옥션 평가점수와 테이스팅 세미나에서 실시해온 새로운 평가방식 점수의 상관성을 검증해, 많은 데이터에서 r=0.7 이상의 높은 상관성을 보였습니다.

SCA 방식과 새로운 10점 방식의 평가 기준

10점 방식	SCA*	관능평가 기준
48~50	95 ≧	현 시점에서 생각할 수 있는 최고의 풍미, 과거 10년간 돌출되는 풍미
45~47	90~94	각 생산지의 품종 중에서 매우 독특한 개성을 동반하는 풍미
40~45	85~89	각 생산지의 품종 중 눈에 띄는 특징의 풍미
35~39	80~84	각 생산지의 CO보다 뛰어난 풍미, SP 전체의 90% 이상을 차지
30~34	75~79	비교적 결점이 없는 평범한 풍미
25~30	70~74	특징이 약하고 약간 혼탁함을 동반함.
20~25	70 ≦	산미 및 바디가 약하며, 결점두에 따른 혼탁함을 느낌
20 ≦	50 ≦	이취, 결점의 풍미가 강하게 느껴짐

* SCA에는 명확한 점수 기준은 없고, 제가 과거 20년간 개인적으로 운용해 온 점수를 기준으로 했습니다. 이런 지표는 생두 입항 후 2개월 이내에 분석한 결과로 작성한 것입니다.

르완다(2021-2022crop)의
SCA 방식과 새로운 평가방식의 상관성

SCA · 10 점 방식

2021년 10월 11일에 열린 A Taste of Rwanda 옥션 샘플에서 워시드만을 선택했습니다. SCA 방식은 옥션 평가점수, 새로운 10점 평가방식은 테이스팅 세미나 참가자 16명(n=16)의 점수입니다. 양자 사이에는 r=0.7821의 높은 상관성을 보였습니다.

샘플 로스팅은 the Roast를 사용

르완다 스테이션 (상, 하)

10점 방식과
이화학적 수치의 상관성

아래 표는 2021년 7월에 실시한 과테말라 Anacafe의 'One of a kind'* 옥션 품종별 샘플입니다. 이화학적 수치와 함께 새로운 관능평가 10점 방식 점수 및 미각센서 수치도 게재합니다.

산가 외에는 강한 상관성이 보여, 이화학적 수치 및 미각센서 수치가 관능평가 점수를 반영하고 있습니다. 따라서 이화학적 수치 및 미각센서 수치가 관능평가를 보완하는 도구로 유효하다고 생각됩니다.

* Anacafe에 등록된 생산자로부터 출품된 208개 샘플을 SCA 방식으로 국내외 저지가 심사한, 86점 이상의 커피입니다.

과테말라(2021-2022crop)

품종	pH	측정산도 Ml/100g	지질량 g/100g	10점방식 Score n=16
게이샤	4.83	8.61	16.16	43
파카마라	4.83	9.19	16.3	45
티피카	4.94	7.69	16.45	41
부르봉	4.94	8.03	15.22	39
카투라	4.96	7.54	15.49	38

10점 방식 관능평가는 이화학적 수치 및 미각센서와 높은 상관성이 있어 평가가 적절함을 증명합니다. 10점 방식의 점수는 테이스팅 세미나 패널(n=16)의 평균치입니다.

chapter 5

10점 방식과
미각센서의 상관성

지금까지 분석한 결과 미각센서는 동일한 정제방법을 거친 콩이라면 적정한 수치가 나올 가능성이 높고, 관능평가 결과가 적정할 경우 양자 간 상관성이 높았습니다.

그러나 서로 다른 정제방법의 콩이 혼재된 경우(가령 워시드와 내추럴 등) 수치가 불균일하게 나올 가능성이 있습니다. 또한 내추럴 정제에서 패널 간 관능평가에 대한 견해가 엇갈려 미각센서와 상관성이 보이지 않는 사례도 있었습니다.

아래 그래프는 코스타리카 마이크로밀 5종의 품종별 샘플을 10점 방식과 미각센서로 평가해 상관성을 표시한 것입니다. 상관계수는 r=0.8510으로, 미각센서 수치가 관능평가를 보완할 수 있다고 생각됩니다.

10점 방식과 미각센서 간 상관성
(2020–2021crop) 워시드

chapter 6
커피를 평가하기 위한 기준과 풍미 표현

1 / 향 aroma

커피 향은 여러 향기 물질이 복합된 것으로, 단일 언어로 표현하기는 쉽지 않습니다. '기분 좋은 향' '꽃 같은 향' '과일 같은 향' 정도 표현으로 충분하다고 여겨집니다.

2 / 산미 Acidity

산미는, 산을 강하게 느끼는가? 어떤 산미가 있는가?를 봅니다. 같은 위도라면 고도가 높은 지역이, 낮밤의 한난 차로 인해 산미가 만들어지기 쉽습니다. SP 쪽이 산이 강하고 감귤계 과일의 산(구연산)을 느낄 가능성이 큽니다. 또 좋은 커피에서는 다양한 과일의 산미를 느낄 수 있습니다. '산뜻한 산미' '명확한 산미' '기분 좋은 산미' 오렌지 같은 단 산미' 등의 표현이면 충분합니다. 복잡한 뉘앙스를 느끼게 된다면, 과일을 연상해 주세요. 에티오피아 G-1에서는 블루베리와 레몬티, 화사한 파카마라 품종에서는 라즈베리잼, 파나마 게이샤 품종에는 파인애플과 복숭아, 케냐 SL 품종에서는 다양한 과일의 뉘앙스를 감지할 가능성이 있습니다. 다만 너무 무리해서 구체적으로 들어가지 않아도 '화사한 산미를 느낍니다' '과일 같은 산미를 느낍니다' 정도로 충분합니다.

3 / 바디 body

바디는 입안의 감촉이나 매끄러움으로, 촉각(신경말단)에 의해 느껴지는 감각입니다. 신경말단은 커피의 고형물질을 점성으로서 느낄 수 있습니다.

가령 수마트라산 재래품종인 만델린의 벨벳 같은 바디, 가볍고 실키한 하와이코나산 티피카종처럼 구강 내 질감이 좋다면 둘 다 높은 평가를 합니다. 입안에 머금었을 때 '매끄러운' '맛의 복잡함' '맛의 두께감' 이라는 감각으로 이해하기 바랍니다. 뛰어난 예멘산 등에서는 '초콜릿 같은 매끄러움'을 느낍니다. '우유보다 생크림 쪽이, 물보다 올리브오일 쪽이 매끄럽다' 라는 감각입니다.

4 / 클린함Clean

입안에 넣는 순간부터 투명감이 느껴지는 감각입니다. 혼탁함이 없이 깨끗한 맛의 감각으로 받아들일 수 있습니다. 결점두 혼입이 많으면 추출액은 혼탁해집니다. 또 고도가 높은 산지의 콩, 밀도가 높은 콩 쪽이 추출액의 투명도가 높은 경향을 보입니다. 나아가 생두의 산가수치(지질의 산화, 열화)가 적을 때 풍미의 혼탁함이 없습니다.

좋은 평가는 '클린한 풍미' '투명도가 높음' '클린컵' 마이너스 평가라면 '혼탁함' '먼지 맛' '흙먼지 냄새' 등으로 표현하면 좋을 듯합니다.

5 / 단맛Weetness

생두의 자당 함유량에 의해 영향을 받습니다. 로스팅하면, 자당은 98.6%가 감소해버리지만 단 향기 성분으로 바뀌어 그것들이 입안에서 단맛을 느끼게 합니다. 추출액을 입에 머금을 때와 삼키고 난 후 여운에 단맛이 느껴지면 높은 평가를 합니다.

'기분 좋은 단맛' '꿀 같은 단맛' '메이플 시럽 같은 단맛' '단 감귤계 과일 같은' '설탕 같은 단맛' '흑설탕 같은 단맛' '초콜릿 같은 단맛' '복숭아 같은 단맛' '바닐라 같은 단맛' '캐러멜 같은 단맛' 등 다양하게 표현할 수 있습니다.

6 / 발효Fermentation

커피의 경우 발효를 어떻게 억제할지가 정제 과정에서 매우 중요합니다. 워시드의 경우 수확 후 신속하게 과육을 제거합니다. 이후 수조 안에서 적절한 시간에 점액질 발효를 종료합니다. 내추럴의 경우 직사광선을 피하고, 수차례 교반하고, 기온이 낮은 장소에서 건조해야 발효를 억제할 수 있습니다. 기존의 저급품 내추럴에 발효취는 당연한 것이었습니다.

발효취가 없이 섬세한 맛을 내는 콩은 높은 평가를 받으며, '에테르 취' '알코올 취' '발효한 과육 취' 등이 있는 콩은 낮은 평가를 받습니다. 좋은 것은 '레드와인과 같은' '프루티' 등이라고 표현합니다.

3 선택한 커피를 실제로 관능평가하다

처음에는 6종의 커피 풍미를 이해한다

커피 풍미는 대략 6개로 구분되므로, 이 차이를 먼저 이해하면 좋습니다. SP 워시드, SP 내추럴, CO 워시드, CO 내추럴, 브라질산, 카네포라종. 이들의 풍미 차이를 이해하는 것은, 커피 풍미를 이해하는 데 있어 가장 기본입니다. 저는 테이스팅 세미나 초급편에서 이 관능평가를 실시합니다. 초보자에게는 어렵겠지만, 무엇이 맛있는 커피인지 이해하기 위한 시작이기 때문입니다.

아래 그래프는 내추럴 CO를 제외한 5종의 커피를 미각센서에 돌려본 결과입니다. 테이스팅 세미나에서 실시한 관능평가 점수와 미각센서 사이에는

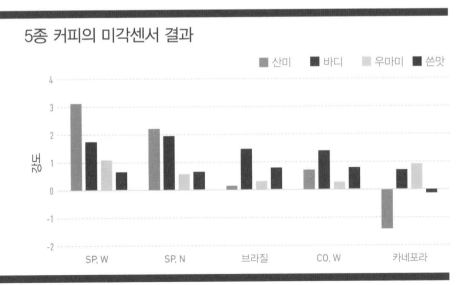

5종 커피의 미각센서 결과

■ 산미　■ 바디　■ 우마미　■ 쓴맛

r=0.9398로 강한 상관성이 보였습니다.

SP는 워시드, 내추럴 둘 다 SCA 방식으로 85점 이상을 받은 매우 좋은 커피입니다. 브라질 CO, 워시드 CO는 75점 전후였습니다. 브라질의 경우 SP도 있으니, 섣불리 판단하지 마시기 바랍니다.

6종의 커피 특징

SP, 워시드

국가명 외에 생산지역, 농원, 품종, 정제방법 등이 명기되어 있습니다. 가령 과테말라 안티구아 지역, OO농원, 부르봉 품종, 워시드 등입니다. 이들 커피 가격은 약간 비쌀 수 있지만, 향이 높고 산미와 바디가 CO보다 훨씬 뛰어납니다.

CO, 워시드

대부분 국가명 및 수출규격만 표시됩니다. 가령 콜롬비아 수프레모, 과테말라 SHB 등…. 따라서 생산지역과 품종은 알 수 없습니다. 풍미의 특징이 약하고, 혼탁함이 느껴지는 사례도 있습니다.

SP, 내추럴

국가명 외에 생산지역, 농원(소농가), 품종, 정제방법이 명기되어 있습니다. 가령 '파나마, 보케테 지역, OO농원, 게이샤 품종' 등입니다. 풍미가 깔끔하고, 발효취가 적으며, 프루티한 경향이 있습니다.

CO, 내추럴

주로 국가명 및 수출규격이 표시됩니다. 가령 에티오피아(G-4) 등의 대부분은 이 범주가 됩니다. 풍미에 혼탁함, 발효취를 동반합니다.

브라질, SP·CO

SP는 '세라도 지역, OO농원, 문도노보 품종' 그리고 정제법 등이 표시되지만, CO는 수출규격과 브라질 No.2 등으로 표시됩니다.
SP는 은은하게 산미가 있으며 혼탁함이 없지만, CO는 산미가 약하고 약간 흙냄새가 있으며 혼탁함이 느껴집니다.

카네포라

주로 인스턴트커피나 공장제조 상품에 사용됩니다. 아라비카종의 CO에 블렌딩되어 저렴한 레귤러 커피로서 유통됩니다. 산미가 적고 무겁고 탄 보리차 같은 풍미입니다.

chapter 2

실제로 관능평가를 해본다

20 22년 3월까지 입항해 SP로 유통되기 시작한 수마트라 린톤 지역 4종의 만델린과 탄자니아 북부 4개 농원의 뉴크롭을 샘플링하여 4월 테이스팅 세미나에서 관능평가를 했습니다.

만델린과 탄자니아 미각센서 결과
2021-2022crop n=16

샘플	향	산미	바디	클린	단맛	합계	테이스팅
만델린 1	8	8	8	8	8	40	산미, 바디가 있는 수마트라 다움
만델린 2	8	8	7	8	7	38	린톤계 만델린 플레이버가 있지만 약간 바디가 약함
만델린 3	8	8	8	8	8	40	녹색 풀, 잔디, 나무 향, 매끄러움, 은은한 허브, 만델린 다움
만델린 4	7	6	6	6	7	34	산미 적음, 풍미는 무거움, 혼탁함 큼
탄자니아 1	7	6.5	7	7	7	34.5	밝은 산, 토스트, 살짝 혼탁함
탄자니아 2	8	8	7	8	8	39	플로랄, 클린, 단 여운, 감귤계 과일의 산미
탄자니아 3	7.5	7.5	7	7.5	7.5	37	자몽의 산미
탄자니아 4	7.5	8	7	8	7.5	38	플로랄, 클린한 산, 좋은 탄자니아

새로운 10점 방식에서 35점은 SCA 방식 80점, 40점은 SCA 방식에서 85점에 해당함.

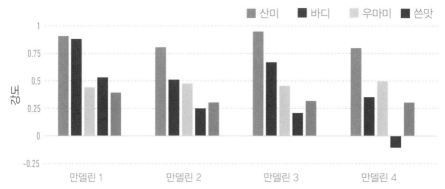

만델린(2021-2022crop) 미각센서의 결과

산미 바디 우마미 쓴맛

만델린 1부터 3은 산미와 바디의 밸런스가 좋아서 SP라고 판단했습니다. 미각센서의 풍미 패턴도 비슷합니다. 그러나 카티모르게 아텐 품종으로 추정되는 만델린 4는 풍미가 무겁고 혼탁함이 있으므로 저평가되었습니다. 최고봉 만델린은 독특한 만델린 플레이버(트로피컬 과일감, 레몬 등 산미가 강하고, 푸른 잔디나 히노키와 삼나무의 향)가 있으며, 45점(SCA 방식으로 90점) 이상을 줄 수도 있지만 이 샘플에서는 그 정도의 개성은 보이지 않았습니다. 관능평가와 미각센서 사이에는 r=0.9038의 상관성이 보였습니다.

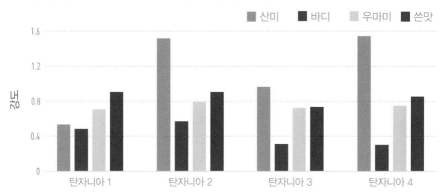

탄자니아(2021-2022crop) 미각센서의 결과

산미 바디 우마미 쓴맛

탄자니아산은 수확한 해에 따라 품질 차이가 보입니다. 이 4종은 강한 개성은 없지만 결함의 풍미가 없고, 마일드한 타입의 좋은 탄자니아 커피였습니다. 탄자니아 2, 3, 4는 산뜻한 감귤의 산이 있지만 40점(SCA 85점)에는 도달하지 못했습니다. 탄자니아 1은 산미가 약하고 약간 풍미가 떨어집니다. 관능평가와 미각센서 사이는, r=0.9747의 높은 상관성이 보였습니다.

경험을 쌓다 보면 각 샘플의 풍미 차이를 이해할 수 있게 됩니다.

미각개발 트레이닝 방법

미각은 후천적으로 형성되는 것으로 경험이 중요합니다. 가능한 한 커피를 매일 마시도록 하세요. 다양한 카페의 커피를 맛보고 스스로 커피를 내려서 풍미를 의식하며 마시다 보면, 점점 커피 풍미의 차이가 느껴지고 이해될 것입니다. 커피 추출방법은 상관없습니다. 아래 1부터 11까지를 꼭 실천하기를 바랍니다.

1 / 풍미가 뛰어난 커피를 마신다

SP의 좋은 커피에 익숙해지면, 우선 향이 좋은 커피가 무엇인지 알게 됩니다. 기분 좋은 산미, 클린한 액체가 CO의 풍미와 차이가 있음을 조금씩 터득하게 됩니다. 값은 조금 비싸겠지만 SP의 커피 맛을 체험해 가시기 바랍니다.

2 / 향을 맡는 습관을 들인다

가능하면 콩을 직접 갈아서 사용하세요. 우선 가루의 향(프래그런스)를 맡아보세요. 그다음 추출한 커피 액체의 향(아로마)을 맡으세요. 향이 느껴지는 커피가 좋은 커피입니다. 이 습관을 지속하면 커피 향미의 차이가 감각적으로 이해됩니다.

3 / 로스팅 정도가 다른 커피를 마셔본다

미디엄로스트(중배전)라 하더라도 각 회사나 로스터리 카페의 로스팅 정도는 차이가 있습니다. 시티(중강배전)에서는 산미가 감소하며 풍미의 차이가 생깁니다. 콩과 가루의 색을 참고해 로스팅 강도 차이에 따른 풍미를 의식하고 비교하며 마셔보기 바랍니다.

4 / 정제방법이 다른 커피를 비교하며 마셔본다

에티오피아 예가체프 워시드와 내추럴을 입수할 수 있을 겁니다. 워시드는 감귤계 과일 등의 풍미가 있으며, 내추럴은 과일과 레드와인처럼 강한 풍미를 지니고 있음을 확인하게 될 것입니다.

5 / 콜롬비아와 브라질의 커피를 비교해 본다

콜롬비아산 SP 워시드라면, 오렌지 같은 산뜻한 감귤계 과일의 산(가령 pH4.9, 미디엄)이 느껴질 것입니다. 반면 브라질산은 산이 약하고(pH5.1, 미디엄), 약간 혀에 남는 듯한 여운이 느껴지면서 두 커피 간 차이를 감지할 수 있습니다. 산미를 의식하며 맛을 보시기 바랍니다.

6 / 생산지가 다른 커피를 마셔본다

생산국에 따라 풍미는 달라집니다. 우선 다
양한 생산국의 커피를 마시고, 같은 생산국
이라도 '생산지역, 품종, 정제 등'의 차이를
확인한 다음 마셔봅니다. 또 매년 같은 것을
계속해서 체험하다 보면 생산된 해에 따른
풍미의 차이도 알게 됩니다.

7 / CO와 SP를 비교하며 마셔본다

CO는 개성적인 풍미가 강하지 않기 때문
에, 어느 나라의 커피인지 모르는 경우도 많
습니다. SP에는 특징적인 풍미가 보이기 때
문에, 그 차이를 비교적 쉽게 알 것입니다.

8 / 신선한 풍미와 선도가 떨어진 풍미를 이해한다

생두 성분은 경시 변화를 일으킵니다. 가령
입항 직후 과테말라산을 5월에 마시고, 같
은 콩을 다음 해 3월에 구입해 마시면 풍미
차이가 발생한다는 것을 알 수 있습니다. 3
월에 마실 때 지질이 열화되어 있다면, 건초
같은 풍미가 납니다.

9 / 티피카 품종의 풍미를 기준으로 삼는다

티피카 품종의 커피를 마셔보시기 바랍니
다. 섬유질이 부드러워서 입항 후 선도가 빨
리 떨어지지만, 좋은 것은 산뜻한 산미가 있
으며 적당한 바디와 단 여운이 감돌아 편하
게 마실 수 있는 커피입니다. 좋은 티피카
품종을 만났을 때는 그 풍미를 기억하기 바
랍니다.

10 / 커피 이외의 기호식품에도 관심을 갖는다

자신이 좋아하는 기호식품 중 술(와인, 사케,
위스키, 소주, 맥주), 차(녹차, 홍차, 중국 차), 초
콜릿(산지별, 카카오 함유량) 등의 풍미를 의식
하며 음미하면 커피 풍미를 이해하는 데도
큰 도움이 됩니다.

11 / 과일을 먹는다

SP 커피의 풍미 특징에 과일의 뉘앙스가
많이 나오기 때문에, 과일을 먹는 경험은
매우 중요합니다. 저는 매일 다양한 과일을
먹고 있습니다.

| 후기 |

커피 풍미는 다양하므로, 갑자기 그 풍미를 이해할 수 있게 되는 것은 아닙니다. 객관적으로 맛보고 적절한 평가를 하려면, 많은 커피 음용 경험이 필요합니다. 항상 분쇄한 커피가루의 향을 맡아보고, 추출액의 향을 맡고, 한 모금 마신 순간 어떤 풍미 특징이 있는지를 생각하는 것만으로도, 미각은 서서히 개발됩니다. 조금씩 맛있음을 감지할 수 있는 감각을 키워 나가면 좋을 것 같습니다.

커피는 기호식품이기 때문에 '스스로 맛있다고 느끼면 된다'고들 하지만, 저는 '맛있음에는 단계가 있으며' '품질이 맛있음을 만들어낸다'는 것을 전달하기 위해 이 책을 썼습니다. 커피의 풍미는 제가 이 일을 시작하던 1990년대부터 2000년대, 2010년대, 2020년대를 거치며 크게 변화하고, 다양화되고, 향상되면서 '보다 맛있는 것' '새로운 풍미'가 탄생했습니다.

커피의 풍미는 복잡하고 여전히 알 수 없는 것도 많습니다. 따라서 필자의 개인적인 이해를 전제로 써 내려갔기 때문에 문장에 독단적인 뉘앙스가 포함되었을 가능성도 있습니다.
많은 분의 지적을 기다리며 다음 내용에 보강, 보충, 수정해나갈 각오를 다지며 이 책을 마무리합니다.

커피에 대해 폭넓게 해설하고 싶었지만, 커피 연구는 세분화하고 각 분야 간 전문성도 커지고 있습니다. 따라서 커피의 발견, 이슬람에서 유럽으로 이어진 음용의 역사, 세계 각국으로 전파History되는 과정, 커피와 건강Physiology, 농학Agronomy, 게놈Genomics, 병충해Pathology & Pest, 기후변화Climate change 같은 분야는 거의 언급하지 못 했습니다.

다만 기초지식일지라도, 커피에 대해 체계적인 틀을 갖추는 데 꼭 필요한 내용은 정리했다고 자부합니다. 미력하나마 지금 여러분이 커피를 학습하는 데 도움이 된다면 진심으로 행복할 것 같습니다.

2023년 길일,
호리구치 토시히데

호리구치 토시히데(환경공생학 박사)

호리구치커피연구소 대표
㈜ 호리구치커피 대표이사 회장
일본스페셜티커피협회(SCAJ) 이사
일본커피문화학회 상임이사
Chiepapa0131@gmail.com

저서
《맛있는 커피가 있는 생활》PHP출판 (2009)
《커피교과서》신세이출판사(2010)
《커피 스터디the study of coffee》황소자리(2021) 그 외 다수

학회 · 논문발표
2016년부터 일본식품보장과학회, 일본식품과학공학회, 식향장연구소, ASIC(국제커피과학학회) 등에서 발표. 논문은 구글에서 검색해 주세요(호리구치 토시히데 논문).

호리구치커피연구소 세미나
https://reserva.be/coffeeseminar
지난 20년 동안 '추출 초급', '테이스팅 초급', '테이스팅 중급', '개업' 등 다양한 커피 세미나를 개최해 왔습니다.

추출 세미나   테이스팅 세미나

옮긴이 윤선해

번역가이자 커피 관련 일을 하는 기업인이다. 일본에서 경영학과 국제관계학을 공부한 뒤 한국으로 돌아와 에너지업계에 잠시 머물렀다.

일본에서 유학할 당시 대학 전공보다 커피교실을 열심히 찾아다니며 커피의 매력에 푹 빠져 지냈기 때문에, 일본에서 커피를 전공했다고 생각하는 지인들이 많을 정도다. 그동안 일본 커피 문화를 소개하는 책들을 주로 번역해왔다. 옮긴 책으로《도쿄의 맛있는 커피집》《종종 여행 떠나는 카페》《호텔 피베리》《커피 스터디》《향의 과학》《커피집》《커피 과학》《커피 세계사》《카페를 100년간 이어가기 위해》《스페셜티커피 테이스팅》이 있다.

현재 후지로얄코리아 대표 및 로스팅 커피하우스 'Y'RO coffee' 대표를 맡고 있다.

새로운 커피교과서

첫판 1쇄 펴낸날 2024년 2월 20일

지은이 | 호리구치 토시히데
옮긴이 | 윤선해
펴낸이 | 지평님
본문 조판 | 성인기획 (010)2569-9616
종이 공급 | 화인페이퍼 (02)338-2074
인쇄 | 중앙P&L (031)904-3600
제본 | 명지북 프린팅 (031)942-6006

펴낸곳 | 황소자리 출판사
출판등록 | 2003년 7월 4일 제2003-123호
대표전화 | (02)720-7542   팩시밀리 | (02)723-5467
E-mail | candide1968@hanmail.net

ⓒ 황소자리, 2024

ISBN 979-11-91290-32-5   03590